婕內薇・湯瑪斯
Geneviève Thomas

著

Le Style Industriel

工業風，第一次就上手

金谷
Kim-Cúc

圖

楊雯珺

譯

原點

CONTENTS

Chapter 4　空間

Chapter 5　台灣設計案例

附錄　實用手札

前言

你熱愛木頭、金屬、混凝土這些原始素材的返璞歸真？也喜歡它們質地搭配的意外驚喜？你蒐羅特立獨行的物件和實用堅固的家具？你創造對比反差，醉心新穎創意，但最讓你迷戀的是一種優雅單純、洗淨鉛華的氛圍、一種永不過時的別致時尚？

工業風兼容工作與生活空間

這些工業廢址，原本是藝術家為尋求生活與創作空間所做的投資，如今日漸風行，想要將工作與生活品質兼容一處者莫不一心嚮往。其實，無須住進工廠也能採用這種別出心裁的生活模式！不同流俗、獨樹一格、大膽恣肆的工業風脫離 Loft，開拓出一片更有人性的嶄新空間。與時共進的擺設布置和住屋融為一體，不僅展現居住者的獨特個性，同時彰顯舒適度與共享性。用途與素材的乾坤大挪移，巴洛克風、波西米亞風與民族風的影響、二手或設計的物品，每個人都能以唾手可得的材料打造出洋溢巧思的裝潢，滿足所有願望與渴望，就連最牴觸的元素也能相安共存。

堅固耐用，舊物展開新生命

現代人對於二十世紀建築遺產的熱愛逐日增加。這股懷舊浪潮的主角是當時專為經久耐用而設計的家具，時光的銅綠令它們登升大雅之堂，務實、堅固與耐用是它們炙手可熱的原因。這種精純洗練的風格採用明確的樣式，雖然近似現代的極簡主義，但仍保有舊時特色。原本被棄如敝屣的物件經過整理改造，走出原本用途，展開生命的第二春，為終於撤除隔閡的室內空間，平添一抹奇想異趣與宣告自我的幽默感。

工業風純粹材質，新舊空間皆宜

外觀粗獷但品質細膩，這些用於裝潢工業場所的素材通過歲月考驗，歷久而彌新。易於保養和堅固耐用的優勢，大幅彌補了有欠精緻的缺點。當這類可靠素材以最簡單的形式呈現時，總是如此清麗真純；但若經由優秀工匠的一番巧手，又能煥發奢華風采。如有機會投資毛胚屋，工業風即是方便執行且實惠有利的裝潢方案。若目標是老舊建物，則可從既存結構中截長補短。為了彰顯建築物的原始姿態與真實個性，必須將它們回復清裸原貌，除去地板與牆壁的所有塗裝。

材料

CHAPTER 1

TÉRIAUX
INCÈRES

METAL
剛強有力的——
金屬

如果說從鐵器時代以來，金屬一直對於人類命運具有舉足輕重的影響力，那麼到了十九世紀，金屬更成為最能代表「進步」的材料。大量的鋼鐵製造推動了工業革命，同時標誌了金屬建築的興起：工業風格就此誕生！

這片美麗的鋼鐵之牆既強悍又脆弱，自然形成的氧化保護層，賦予它溫暖的色調與生氣。

這幾件倖免於難的優美金屬工廠櫥櫃，
來自一處現已消失的工業遺產。

工業風的誕生由金屬開始

在法國，古斯塔夫 · 艾菲爾（Gustave Eiffel）實現第一批由金屬構建的宏偉建築鉅作，例如嘎哈比鐵道橋（Viaduc de Garabit）和成為典範的艾菲爾鐵塔。鋼鐵是力量與持久的象徵，而這種無與倫比的材料，也在專業用途的建築工程中迅速展現其非比尋常的優點。玻璃與鋼條攜手構築車站和工廠的優雅玻璃屋頂，顯示現代建築在宏偉與輕盈之間尋求平衡的濫觴。金屬製造的都市家具完全取代了木頭，拉車的馬匹也換成蒸氣馬達等等，至今一直在鐵鋪與鑄造廠經受千錘百鍊的金屬，躍升成為高技術性材料，各種加工和鍍鋅、鍍鎳、鍍鉻等創新保護技術，讓它迅速蓬勃發展。

前衛風潮的金屬美學

金屬在二十世紀已是創作者的靈感來源，於 1930 年代成為前衛風潮不可或缺的材料。當時的設計師深受其實用性和功能性吸引，拜倒在它既貴氣又隨興的美感之下。柯比意（Le Corbusier）、夏洛特 · 貝希庸（Charlotte Perriand）以及戰後鍛鐵藝飾大師暨自學建築師尚 · 普魯維（Jean Prouvé）等人全都投身金屬美學（請參閱附錄第 156 頁）。隨著科幻小說在 1960 年代興起，時尚與裝飾也從金屬的閃亮未來感汲取巧思。廢棄的工業區在 1980 年代成功轉型為生活與工作的空間，金屬結構的價值也跟著水漲船高，自此成為 Loft 風的正字標記。時至今日，雖然全球金屬價格飛漲，但完全無礙這種材料重返榮耀：從地板到天花板，從家具以至家電，金屬風潮持續攻城掠地。

嶄露「金」光

金屬是工業風裝潢的基本元素。它是非常良好的熱導體，除非振動，不然十分安靜。蹤跡幾乎無所不在，連建築物內部也是它的天下：

● 黑色的房屋金屬架構。

● IPN 樑柱能在不隔斷空間的情況下，劃出空間的界線。

● 金屬窗框可拉出對外的寬闊視野，或提供不遮光的區隔。

● 塗漆鋼板以不連貫方式或古早鑲木地板的形式組裝。

● 階梯、走廊和扶欄以鍍鋅鋼製成，或由金屬工匠量身打造，將金屬與木頭、玻璃或水泥結合搭配。

各類金屬精采紛呈

　　實用堅固、經濟實惠、隨心所欲、任君塑形。金屬大量應用於工業廠區的布置，但也能輕鬆轉型為適合居家裝潢的材料。鋼皮、鋅皮和不鏽鋼鐵皮放軟身段，包覆工作檯或桌面。轉向流暢的公用階梯適合各種空間配置。頭頂上優美明亮的鍍鋅薄鋼板，同時也可做為水泥澆注天花板的模板。地面大膽採用在專業用途建築中經常使用的變形處理板材。金屬板先貼上牆面再做鉚接，可使板壁加厚並提供保護，反射輕柔光芒，製造出令人驚豔的精采效果。鋼製門板、靈活的鍊環隔簾和鋅製浴室隔板，也都展現金屬效果絢麗萬千的可能性。

　　不論量身訂製或改造變身，金屬都是居家工業風格不可或缺的配角。它持久耐用的強度能與水泥、木材和玻璃等許多其他素材和諧搭配，從最粗獷到最細緻的材料，都是金屬的最佳拍檔。

▲▶金屬與工廠建築分道揚鑣，變身瓦楞鋼板天花板，或鏤空鐵板階梯。

★工業風材質這樣玩！★

金屬片＋空心鉚釘
牆壁上的金屬片藉由空心鉚釘固定在木頭底材上。

金屬類用於餐飲區要當心！

● 鉛合金和小酒館吧台的舊錫合金檯面都具有毒性。所以依法禁止將食物（尤其是奶類製品）與這類金屬表面接觸。
● 一般會選擇拉絲不鏽鋼、鍍鋅鋼、鋁或鋅做為飾面。

CONCRETE

自由恣性的——

混凝土

為工廠建築進行改裝的住戶希望花小錢裝潢大空間，率先利用混凝土的樸拙之美。堅固耐用的混凝土具備高可塑性，但最重要的是非常便宜，可同時應用於結構或飾面。傳統的粗製混凝土，自此開始在豪華上流的 Loft 風格中不加矯飾地坦然暴露。於此同時，前衛建築也看出混凝土雄厚的美學潛力，使它搖身變為此類建築鍾愛的材料，帶動一股混凝土風潮。過去不受青睞的混凝土受惠於重要的技術創新，今日已成為現代風格的標誌性材料，營造優雅的極簡調性。

▲ 現場澆注在板模中的一體成型防水混凝土，可依照需求量身訂製，打造堅固耐用、極致優雅的廚房設備。

使用混凝土要注意的事：

● 雖然材料便宜，但是裝飾性混凝土的塗敷作業要價甚高。因為這項作業需要大量時間和具備專業技能的老練工匠。

● 大型 DIY 商場提供的準備工具組性能良好，但主要還是保留給內行的 DIY 專家使用。

彩色混凝土地板不易髒污且容易清理，
為居家空間注入歡樂朝氣。

超高效能混凝土可以實現各種洋溢個人色彩的作品，
譬如這個巨大優美的橢圓形澡缸。

彩色混凝土展現個人色彩

　　這種改良技術價格低廉又可快速應用，原先用於密集工業。灌漿時先在剛抹好的混凝土表面均勻撒上一層礦物性硬化劑粉末，可自行調配多種個人化色彩。粉末固著後使用水泥抹平機讓表面光滑，等待乾燥，之後再以蠟與天然油脂的混合物為混凝土上一層保護，或者噴灑聚合樹脂，讓混凝土更能耐受碰撞、熱衝擊和磨損。

顏料繽紛玩色，並可運用不同的飾面技巧，製造光滑、爪痕、條紋、刷痕、蠟質、仿舊、啞光等效果，甚至可如明鏡光滑。

　　也可以嵌入木頭、石頭、玻璃或金屬，在還沒上灰漿前，將這些材料固定在底材上。藉由結合各種顏色、底漆、質地和形狀來製造不同效果，這類細緻輕盈的新式混凝土可以發揮無窮無盡的個人創意。

蠟質混凝土兼具溫潤質感

　　蠟質混凝土是由簡化繁的第一步。這種光滑柔膩的修補能夠帶出溫潤無比的質感。在製造過程中即先加入顏料染色，隨後立刻澆灌到訂製模板中，再經打磨、拋光、上蠟，最後以機械拋光，需要數天工夫才能創造這種奢美的水泥鋪面。如果要用於大面積，必須預留伸縮縫，以免出現嚴重裂痕，不只有欠舒適而且有失美觀。若出現這種情況，強烈建議向專業人士求援。

輕量多效果的仿混凝土

　　目前市面上有眾多模仿混凝土效果的飾面灰漿，適合地板、牆壁、浴室、廚房等各種特定空間使用。這些新型態灰漿又稱為微水泥，除了輕巧耐用，可塑性高之外，美學價值更是它們備受重視的優點。這類灰漿通常塗敷 2 到 10 公釐的薄層，可依需要加入

▲為混凝土上保護層，可以讓它更耐熱、耐用。

以假亂真的材質運用：

其他以石灰為基底的灰漿賦予牆壁美麗的效果，呈現岩石的天然色澤。

- 柔和明亮的泰德拉克（tadelakt）是摩洛哥的傳統灰漿，具有防水功能，主要製造原料為石灰和黑肥皂，以卵石打磨光滑。這種材料大部分用於土耳其浴室，但它柔美的氣質與防水的特性，讓它成為室內戶外兩相宜的理想飾面。

- 粉飾灰泥（stuc）可做出光亮和啞光兩種效果，主要成分為黏土和沙子。利用黑肥皂、蠟或石灰水等不同技術，就能打造光滑細膩的表面與自然的大地色調。

- 天然粗獷的填泥（pisé）是由沙子、黏土和碎礫石層疊組合而成。雖然看似自然粗陋，卻需要扎實的專業技能才有辦法施工應用。

- 明亮平滑的壓刮密實石灰（chaux ferrée）是一種混入大理石粉末的富石灰。這種近似泰德拉克的灰泥，經過刮刀抹平後會散發非常特殊的光澤。

★工業風材質這樣玩！★

飾面灰漿

牆上塗抹的飾面灰漿，可以模仿混凝土質感。

黏土混凝土

磨石子質地的黏土混凝土反射出兩種灰色調。

預染色混凝土＋木地板

預染色混凝土與鑲木地板搭配得天衣無縫，充分發揮延伸效果。

混凝土塗上聚丙烯木染料做為保護，
以蜂窩、蠟質或磚頭等形式遍布整間浴室。

WOOD
生態環保的——
木頭

　　運用撫慰人心的溫暖木頭，讓大自然做回主角。這種健康又環保的材料絕對是「禪」的最佳代表，不只可以平靜感官，還能沉澱心靈。它自然有機的外觀能夠溫暖冰冷的金屬，軟化堅硬的水泥，是讓工業風室內裝潢如此美麗的祕密武器。

▲這張率真不做作的實木桌是以回收屋樑製成。

利用各種木材前的注意事項：

● 掌握外國木材的來源，確定已經取得認證（FSC 或 PEFC 標籤），並且是來自以環保與永續方式經營的林場。
● 市面上有比較健康自然的壓縮合成木，在購買之前請仔細確認組成材料。
● 記得為回收木材（門板、樑柱和護牆鑲版）進行寄生蟲處理，避免這些不速之客帶來意外的驚嚇。

天然或漆成淺色系的木頭，
為這棟改裝成 Loft 舊倉庫帶來柔美溫馨的氣息。

角色對換！拼接集成木地板在改造過後變成天花板，
讓這間書房的漸層灰色調活了起來。

天然木是調和工業風的祕密武器

　　木頭既環保又可再生使用，迷人的風韻在舊化的過程中不減反增。可透過徹底的打磨，將木頭從厚重的塗料層中釋放，並可視需要施用一點薄石灰漿或酪蛋白。原始、未加工、未磨光、陳舊，甚或受到歲月侵蝕和褪色的木頭更受歡迎，廣泛應用於樓板、牆壁、天花板、樑柱、階梯、床頭板、門扇與隔板、屏風、廚房工作檯、家具和漂流木雕刻。活生生的樹木也讓人喜愛，何不在屋子裡種上一棵？

選擇實木或壓縮合成木？

　　百年歷史的橡木實木鑲拼地板有好多故事可說，雖然是一項重大投資，但能流傳久遠，是提升居家主空間質感的明智選擇。可以尋訪專門負責特殊建築的古董商，在回收的古舊建築材料中挖寶。如果預算有限，也可以像眾多工業風格的愛好者，選擇以超低價格購入體積龐大的鋪地木板。

　　這種材料也很適合製作各式各樣的組合家具，不費工夫就能擁有訂製的櫥櫃、架子、書櫃等。它們的價格低廉、容易切割，不須大量打磨即可塗上油漆或簡單的啞光清漆保護層，保存木頭原始的牛皮紙質感！

更多返璞歸真的原始魅力：

● 如果想要創造一面迷人粗獷、洋溢現代感的不規則飾板牆，可向建築材料批發商購買木模板。將長短不同的木板隨機拼裝在墊木上，別忘了在木板之間留下一點空隙。

● 來自木材堆置場的木板既長且寬，只簡單塗上船漆加以保護，可以鋪設成樸質素雅的地板。這個省錢妙方只適合不在乎地面不平整的人，因為那麼便宜的木材，肯定保留了所有日常生活留下的凹痕。

● 未經加工的地板，不妨定期用漂白水清潔，可以使顏色變淺並提早老化，製造出柔和、刷白的悅目效果，與刷上消光漆或氧化的金屬家具相得益彰。

該用淺色或深色木頭？

繼續大玩對比吧！木漆的顏色可以幾淺或幾近全黑，讓木頭的紋理和節點浮出表面，與地板隨興呼應。淺色或暗色的樓板能夠完美襯托深色的塗漆鋼家具，而明亮的茶色地板則可突顯白、米白、灰黃、灰等色調。如果想讓樸素的護牆鑲板變得亮眼，可以塗上淺灰或灰白色的薄石灰漿，將木頭壁板刷白，獲得漂流木般的美麗效果。

加工或保留原貌哪樣好？

塗上保護漆的未拋光拼接集成木地板和舊拼接集成木地板，在除去塗層和上油之後，就像碳化木一樣可用濕拖把清潔。碳化木是一種經過熱處理且不使用化學藥品的木材，不需保護塗層，無比堅固耐用。若以省錢和環保為考量，通常會選擇本國木材而非外國木材。上過油的山毛櫸、梣樹或海岸松拼接集成木地板散發優雅氣質，用在浴室中也有不俗表現。

施工快速又簡易，這些固定在牆壁上的木板展現大片
紋理，讓工業家具的剛硬線條平添一絲柔情。

BRICK

血性熱情的——

磚石

　　紐約、里爾、土魯斯、阿姆斯特丹……
這些城市的建築都展現出對陶磚的熱愛。
陶磚已有五千年歷史，易融入環境但也具
有強烈個性，由於能夠提供高度隔熱與防
寒效果，所以是天生環保的材料。

▲生猛精神！這些在工廠中原汁原味保存下來的磚塊與
強悍的鋼製椅凳分庭抗禮。

混凝土空心磚重見天日！

● 刷白的混凝土空心磚流露樸質無華的簡約氣質，與木頭、玻璃、金屬搭配無間，渾然天成。

● 如果想要增添少許甜美，可以使用彩色石灰漿製造靡麗柔滑的質感，同時展現材料的粗獷
　與起伏。

磚塊散發的傳統溫暖魅力，
與工業風格的嚴謹冷峻形成鮮明對比。

不論迷你或巨大的磚頭尺寸，都能調和工業風。

裸妝磚石創造 Loft 現代感

　　就裝潢層面而言，過去人們經常使用石膏或灰泥掩蓋陶磚的天生麗質，然而北歐國家的 **Loft** 文化，讓這種用於工廠外牆和工人屋舍的標誌性通俗材料，找回屬於自己的風采。目前已有一些磚石構造完全不必使用輔助的隔熱絕緣材。坦然裸露的磚塊為都會風裝潢創造現代感十足的優雅背景。

飾面磚呈現溫暖外觀

　　飾面磚的新產品系列提供百家爭鳴的顏色、質感和尺寸，有些是以機器製作的方正形狀，有些則是不規則的手工藝品，展現各種令人驚艷的立體感和色調，從最純淨的白色到最深邃的石墨黑一應俱全。均勻或斑駁的磚塊原色，取決於黏土和烤製過程中使用的沙粉品質。只需要在這些柔和的色調中選擇所愛：米白、蜂蜜色、罌粟紅、焦糖色或深赭紅，讓它們隨著時光荏苒產生迷人的古舊韻味。選項眾多的尺寸也可用來製造各種效果：懷舊風格、昔日工廠建築使用的方型小紅磚，或令人吃驚的 60 公分長超大磚頭。應用於戶外時，正方形或長方形的鋪地磚耐用、實惠且易於鋪設，通常會鋪在沙層或密封絕緣層上。

▲ 這間舊工廠的主人在打掉牆壁時發現一面特殊的石造結構，當中有一部分由磚頭組成。

GLASS

流光溢彩的——

玻璃

　　工業建築追求空間感與明亮，使得過去珍罕易碎的玻璃成為此類建築的重要材料。新式的智慧型玻璃能夠以更均勻的方式分配光線，並且有多種不同厚度的產品，可依照需求調整透明度。

玻璃護欄能夠優化空間透視感，同時將光線引入樓中樓夾層內的小臥室。

新型玻璃引光又隔熱

　　除了在屋頂、陽台和天窗應用上表現優異之外，新型玻璃還可提供比傳統玻璃更為出色的熱絕緣，並且展現足以抵禦夏日強光高溫的傑出防護力。在任何想要製造輕巧效果的地方都能看到玻璃的身影：玻璃門、隱形護欄、防滑樓梯台階、廚櫃門和餐具櫥。不論彩色玻璃或毛玻璃都可做為隔牆或假天花板，用來篩濾或美化人工光線，避免視覺疲勞。將玻璃地板鋪設在精心選定的區域，即使玻璃面簡單樸素也能讓陰暗處為之一亮，並可打開空間，創造嶄新視野。

可塑性高又耐撞的塑膠

　　無塑膠不成現代：這個資歷最淺的工業材料具有雄厚潛能！切鋸、鑽孔、打釘、扭擰，樣樣都行，塑膠輕巧好操作，不會腐爛，又能承受衝擊。我們經常會使用彈性塑膠或固性塑膠來取代玻璃。目前市面上有許多塑膠品牌，提供超高性能、透明、半透明、白色、彩色等各種類型，有些和聚碳酸酯一樣便宜，有些則如可麗耐 ®（Corian）一樣昂貴。它的應用幾乎包山包海：隔板、滑門、飾面、工作檯、護牆……還可製造實用又好玩的家具。

▲ 玻璃磚能夠創造出人意料的布置，例如這個透明吧台不但隔出廚房空間，而且不會遮蔽光線。

透亮再升級的玻璃運用

- 可使用玻璃磚代替窗戶來封堵一樓面向馬路的開口，阻絕噪音、寒冷和外界視線。

- 只要在牆壁高處鑲嵌一道單純的玻璃磚飾帶就可以引入光線，讓光自行反射到白色的天花板上。

- 玻璃桌面讓桌子「一覽無遺」。

以聚碳酸酯纖維為原料的波浪板，
可以輕鬆改造成穩固的半透明隔牆，尤其令人驚艷。

PAINT
與光線合作的——
漆料

從 Loft 出走的工業風裝潢雖然偏愛黑白色調,但也使用其他色彩來與花花世界接軌。設計感、工作坊型、仿古風、巴洛克風、未來感⋯⋯多種風格類型任君挑選,但在確認之前,請先讓自然光做為嚮導,觀察光線為每個空間帶來的韻律與節奏。

白色能創造寬闊感與明亮度，譬如這套椅子，
只要妝點幾抹色彩，就能讓空間更加活潑。

素雅清淡的灰色屬於中性色調，能夠營造簡潔寧靜的氛圍，
鮮明的顏色在它的襯托之下更加搶眼。

白色是最佳的襯托

奶白、月白、雪白、棉花白、螢光白……
這種介於複雜與單純之間的「無彩色」能夠
製造各種對比，同時突顯原材料的質感。與
光線密不可分的亮白能夠放大空間。銀白、
粉筆白（blanc de Meudon）又稱高嶺土白
（blanc d'Espagne）、鈦白、鉛白、鋅白、
碳酸鈣白（Blanc de Troyes）……雖然看起
來都是一片白，但卻展現不同深度和透明效
果。白色的魔法之手能讓金屬家具、木頭工
藝，以及風格迥異、精雕細琢的古老玻璃工
藝品煥發光采。

灰色賦予復古感

這種素雅清淡的中性色調是塑造簡潔寧
靜氛圍的關鍵要素。褐灰、鼠灰、鴿灰、斑
鳩灰、板岩灰、高嶺土灰、鉛灰、煙煤灰、
銀灰、古斯塔夫天空灰*……不論毛面或亮
面、金屬化、天然或舊化，都能提供美麗的
色調。高雅低調的灰色是智慧與知識的象
徵，能與各種形狀和材質完美搭配，鮮明的
顏色在它的襯托之下更加搶眼。只要在油漆
中加入少許灰色就能賦予綠色、藍色、粉紫
與粉紅一種雋永的復古感。

*譯註：應是指畫家古斯塔夫・柯爾貝
（Gustave Courbet）畫作中的天空顏色。

黑色散發經典品味

黑色是 Loft 風的正字標記，散發永不
過時的精緻氣質。當與淺色木頭或塗漆鋼等
原材料的色調搭配時，這種極端顏色在白色
背景的烘托下永遠不會過分嚴肅。

板岩黑、花崗岩黑、炭黑、墨黑等等的
黯黑色，用於窗框時非常立體，也是外露管
線和暖氣裝置的最佳拍檔。珍貴的烏木蠟，
能夠讓平凡的木製護牆板脫胎換骨。搭配幾
抹嫣紅、幾張流線型地毯、大量的抱枕、巴
洛克式骨董，以及幾件奇珍異玩就能創造出
別具品味的氛圍。

善用色調改變空間觀感

覺得廚房黯淡、書房陰沉、臥室不對勁
嗎？先思考一下它們的顏色吧！單純均勻的
色調能夠建構素雅自然、煥然一新的空間。
柔美圓潤的栗棕色或濃郁的磚紅色，可與嚴
肅的工業材料完美搭配；春天色系能讓混凝
土地面洋溢愉快好心情，讓雙色地板立體生
動、櫥櫃門不再乏味。至於臥室，直接在牆
壁漆上一道深紫色長方形是代替床頭板的划
算做法。如果想選擇鮮豔色調，何不利用一
張漂亮地毯或民族風抱枕的顏色，它們的配
色向來無懈可擊。

使用自然或低調的顏色，打造簡約風格或別致的民族風

褐灰色

淺栗色

咖啡色

瀝青色

巧克力色

栗色

運用專業色彩，創造蓬勃活力

柏林藍

石油藍

蘆筍綠

軍綠色

苔蘚綠

篷車綠

消防紅

夜藍色

牆壁採用天鵝絨質感的深褐灰色，正對一扇大玻璃窗，
色調會隨光線改變，為素樸的客廳注入幾許溫柔與活力。

副效果

使用金屬光或珍珠光顏料，可讓牆面、地面和裝飾壁板散發與眾不同的光澤。請揮別仿大理石、仿木、斑點等等粗糙的仿舊和障眼法，還不如運用幽默感來混搭物件和家具。因為就工業風裝潢而言，模仿效果只會造成反效果，效果無法取代質感！如果覺得牆壁太過平整、有點無趣，那就使用預染色灰泥*為它增添立體感，不必太在意邊緣的整齊度。

*編註：灰泥就是俗稱的白灰或石灰（氫氧化鈣）為主的原料，所做成的壁面塗料。

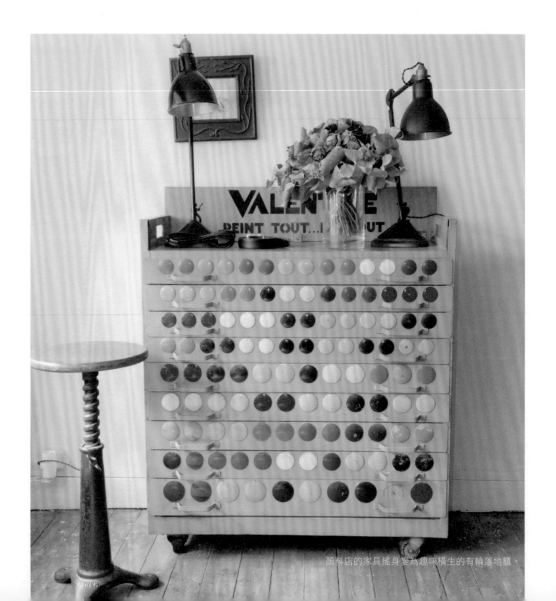

顏料店的家具搖身變為趣味橫生的有輪落地櫃。

使用經典色彩創造仿古氛圍

牛血紅

香蕉黃

洋薊綠

橄欖綠

銀灰色

天河石綠

撞球檯綠

鐵灰色

香草色

鋼灰色

運用水果色塗料製造趣味

草莓紅

樹莓紅

黑醋栗紫

向日葵黃

橙橘色

奇異果綠

利用粉彩迷倒眾人

玫瑰粉

灰黃色

新鮮奶油黃

象牙白

COATING

使質感大增的——

防護層

使用從專業用途「轉行再生」的材料之前，有時必須進行無色、有色、消光或光亮等表面處理，用以保護和提升價值。這些細微的差異能夠賦予材料迷人的風情與特色，對於創造溫暖熱情的工業風氛圍著實不可或缺。最重要的步驟是花時間研究底材的性質，判斷哪種類型的防護層，最適合在材料的使用期間和長期提供保護。根據底材性質找出的答案永遠最簡單也最有效。

容光煥發

- 石灰漿和啞光清漆知道自己該保持低調，以免改變原材料的外觀。
- 工業地板塗料具有強大的覆蓋能力，非常適合修補受損或品質平庸的拼接集成木地板。
- 只要可行，不論在什麼地方，盡量採用有孔隙防護，因為這樣能讓材料呼吸。

加入石灰讓牆面會呼吸

石灰在過去經常用來消毒工作場所，由於它能促進濕氣交換，因此現在成為平滑磚牆或石牆表面的理想選擇。白色讓它具備良好的反光功能，但也可以利用相容的顏料，例如泥土或氧化鐵，隨心所欲變換色彩。工法上也有使用亞麻或大麻微粒增加石灰的稠度。當它應用於廚房或浴室時可預防發霉，而且在上蠟之後可以水洗，但是如此一來牆壁就無法呼吸了。可靈活變通的石灰是耐火耐用的灰泥，不會龜裂而且老化速度慢。請注意：以石灰為基底的灰漿只能用於孔隙表面和無瑕疵表面。如果並非如此，會先進行除垢以獲得適合「吸收」灰漿的表面。此外也可加入黏合劑，確保石灰能夠完全附著在裸混凝土牆面上。

輕盈的木漆

木漆為透明或有色，有保護與美化的效果，又不變質。通常選擇 100% 水媒溶液，一方面可為木頭漂亮上色，另一方面可保留混凝土的礦物質感。為了讓拼接集成木地板變為茶色，會疊加塗層，巧妙地讓顏色深化，且不會在原始材料上留下痕跡，以免損害它們的天生麗質。

石灰漿、塗料和清漆在此處以不同等級的強度巧妙搭配，
用來加強或變化原始材料的天然色調。

TILE

用途多樣的——

磁磚

以往地板材質常使用樹脂地板，以環氧樹脂和聚胺樹脂為基底的不同配方，可用來保護貯藏空間的地板，其超耐用效果已歷經數百年的考驗！這種便於保養的修補性灰漿超級耐用，可每日承受搬運車的頻繁往來，或是體育館中的無盡踩踏。明亮柔和的樹脂，目前已有個人化的色彩任君選擇，並且能夠輕鬆應用在屋內各處地板。進行塗敷作業需要重型設備，所以務必交給工業地板的專家。而現在地板材料還可以選擇磁磚，可用於壁面與地板。

▲這間浴室使用小型燒結玻璃壁磚，以馬賽克方式鋪滿整個空間，洋溢黑與白的現代感。

大面積的磁磚板放大小浴室的空間感，
並以耀眼的金屬效果讓浴室燦爛生輝。

這片奢華的義大利馬賽克磚反射無數薰衣草紫光點，
為混凝土和金屬打造的浴室帶來嫵媚風情。

專業的傳統磁磚

磁磚通常是白色或其他鮮豔顏色，由於堅固耐用，可承受密集使用。巴黎地鐵中的黑白長方斜面磁磚採仿古風格，並以筆直的紅色、綠色或藍色邊注入活潑生氣。如果團體使用的廚房需要防滑地磚也可特別設計。

絢麗的現代磁磚

超大尺寸的深色壁磚搭配低調的接縫，產生讓人放鬆的奢華感。模仿鋼材的陶磚反射金屬光澤，為廚房或浴室牆壁製造精彩效果。質地緊緻的大片花崗岩或黑卵石板重量十足，因此能夠做為地板。大塊黑色板岩或氧化板岩樸素中帶著神祕，與鋅材質或淺色木頭是天作之合。

新式智慧型壁磚

出色的美學品質、優異性能、施工快速，種種優點使得磁磚貼面成為不可或缺的裝潢解決方案，近年來的重大技術進步也讓它們進展飛速。半透明、雕花或金屬化的玻璃地磚令人驚艷，相較於同類型的鋪面，展現出無與倫比的深邃透亮感。碳酸鈣和樹脂合成的創新地磚更加輕巧、安靜與耐用，比起傳統磁磚更能長時間保存熱量。由回收 PVC 製成的地磚具備高耐受性和可嵌入性，便於鋪設和拆卸，搬家時可以拆卸帶走。

格局

CHAPTER 2

PLACE

L'ESPACE

DEPTH

製造——

景深

　　如同布置 Loft 風，第一步就是消除隔牆，打開視野，以便完全利用空間。模糊內外分界，利用鏡像手法、開放的空間以及地板材料的連續性，消除隔閡。

擺設少量家具並採用部分隔間，賦予起居空間良好的對外開放性。

▲ 這面做為護欄之用的矮牆讓客廳一覽無遺。

消除隔牆開放透視

封閉式廚房和單純的走道邁入歷史，每坪面積都應該充分利用。將自然光線最充足的空間，首先分配給最多時間進行大部分活動的區域，然後將屋內面積最小的部分打造成舒適愜意的私密空間。儲藏室安排在避開外人視線的區域，如同工廠中的倉庫一般，既方便進出，管理日常消耗性補給品，又能不受外界視線干擾。盡量將家具集中，空出一片清爽的地板空間，隨興進行瑜珈、DIY、繪畫、跳舞等各種活動。

OPENING

調整——

開口

　　有時候需要保護隱私，或單純想獨處片刻。固定式、移動式、滑動式、不透光、半透明、加裝式等形形色色的隔間牆，能夠篩濾光線和調整空間。巧妙安排門與隔間牆，在牆壁上安排局部開口則可放大透視景深，而且無需拆除房間的某些部分。

▲二樓的房間窗戶裝設木製百葉窗，不但模糊了室內外的界線，還可吸收牆面開口的自然光。

兼享隔絕的幽靜和充足的光線

- 裁切：以矮牆擋住電視空間。
- 藝術：在篷布印上相片或圖畫。
- 植物：種一排竹子或大朵向日葵做為隔籬。
- 效法南歐：利用繽紛多色的長條塑膠片做成窗簾。
- 回收：使用塑膠瓶塞和迷彩網做成窗簾。
- 復古：老一輩的伸縮式屏風。
- 織品：裝上一整面窗簾，隨季節變換厚度。

這面傳統的工作坊玻璃窗佔去大部分牆面，
提供最理想的明亮度。

這面隔間玻璃牆具備可調式開口和滑動式門簾，
能夠為嬰兒房隔絕噪音和視線。

鋼構玻璃天窗迎進光線

　　昔日的工廠藉由大片鋼構玻璃窗向天空敞開，接收自然光線。同理可證，住屋設置天窗也可讓居家迎接光明，同時保護隱私，不受外界視線騷擾。全天陽光充足的屋子看起來確實更加寬闊、愉悅，因此窗口和門都是重要的建築元素。鋼的傳導性只有鋁的三分之一，能夠依照需要訂製框架，無論在美感或精巧度方面都極致優異。不要吝於雇請合格的金屬加工匠，這可是一項長期投資。

工業風也能玩芝麻開門

　　可選擇隱藏在隔牆內的全開式伸縮門，實用且隱密，或是不需要門軸旋轉空間的滑門。前門入口採用厚重的大扇金屬門讓人備感安心。門板上也可裝設長簾，讓人分不清門與窗，在透視景深上玩花招。如果想讓門背更加活潑出色，可以考慮磁鐵、磁性塗料，或者同色系的雙色塗料。雕刻精巧的民族風木門，在金屬與混凝土構建而成的硬漢世界中會是別具一格的賣點。

▲這間舊乳品廠的門窗上方鑿了額外的大型開口，藉此引入更多光線。

▶這扇鋼製前門沉厚但不失明亮，鑲嵌在壯觀的書架之間顯得厚實且特別。

WARMTH

創造宜人──

溫度

環保、天然、可再生的柴火爐迅速攻占工業風居家的中心位置。今日的壁爐和爐芯都是高效益設備，不必再像過去那樣煩惱黑煙和烟灰。金屬製爐芯安全無虞，效能優異，在北歐國家大受歡迎。

▲仿古暖氣現在坦露在外，可以直接做為護欄。

暖氣哪裡買？

● 舊式和工業風格暖氣：請洽舊物回收商。
● 翻新的古老機型或美麗的復刻版：請找專業工匠。
● 現代機型：DIY 大品牌都有。
● 未來風機型：請洽特殊品牌。

現代感十足的客廳，在規劃時以壁爐和其原本的金屬通風罩為中心，為這間舊鍛造工廠成功營造混搭風格。

一對滾輪和一根不鏽鋼大煙囪，讓這個斯堪地納維亞
風格的鑄鐵火爐洋溢個人色彩。

置入柴火爐營造北歐感

　　高效益的壁爐和爐芯設備，亦可供專業和團體使用，占用空間不大，又可簡易安裝在現有的壁爐中，能夠同時提升效能和安全性。柴火火爐、陶瓷暖爐、粒料爐和木質固體燃料鍋爐，專門供應中央暖氣，如果想要快速升溫或持續保暖，不如將燃料槽換成一堵高聳的柴火牆吧。

暖氣設備實用也能美觀

　　踢腳板型的工廠暖氣十分適合大空間，沿著牆壁埋設也較不引人注目。片式暖氣體型龐大，穩固可靠，已有一百多年的歷史。最通俗的品牌是 Compagnie national des radiateurs，使用拉絲塗漆金屬製造，表面平滑或裝飾洛可可式的花樣浮雕，接上巨大的開關閥後更形華麗。有些現代暖氣機型可以進行遠端控制，提供雙重功能，為毛巾架內部加溫，一出浴即可享受柔和溫暖。大型極薄鋼板組成的超現代化暖氣兼具美感、隱密性和最佳效能，就像一道劃過牆壁的壯觀金屬閃電。

▲做為暖毛巾器的暖氣，有些驚人的機型甚至兼具護欄功能。

DES
UTILES E

物件

CHAPTER 3

OBJETS

T BEAUX

FURNITURE

細水長流魅力的——

舊家具

舊家具和工作家具，不論是完整保存，或者布滿時光傷痕，又或經過別出心裁的翻修整頓，它們都能在住家中找到第二春，為居家注入詩意與原創性，融入獨特物件的特色。對於舊物愛好者有如天降至寶，迅速成為居家不可或缺的要角。

沿用舊家具之前的注意事項：

● 如果不打算保留家具原貌，翻新工作家具可能會是一項浩大且昂貴的工程。

● 有些尺寸龐大的物件只能在非常寬廣的空間才能發揮所長。

● 工廠或工作坊家具十分沉重而且難以移動，可能會損壞拼接集成木地板或地磚等脆弱的地面。

▲不論二手家具的年齡多大、原始用途為何，它們都喜歡彼此混搭。所以請發揮幽默巧思，以錯落搭配為最高原則。

外型簡單的工業家具是現代設計的先驅，
具備十分前衛的特徵，但又保存舊時代的特色

錫製洞眼多格郵件分類架已經準備好轉作任何其他用途：
書櫃、縫紉車間、鞋架、碗櫥等等。

舊時代工作家具風味十足

技術人員更衣櫃、郵件分類架、藥局家具、縫紉用品店的櫃台、布商桌……這些家具融匯實用與巧思，無論構想與製造皆合於藝術規範。它們專供各行業的日常使用，十分耐用。這類堅固家具大部分是訂製而成，能夠滿足各行各業的特殊需求，並且跟著行業代代相傳。隨著小製造商消失、大規模製造商崛起，這些家具和配件逐漸遭到淘汰，這群身經百戰的收納大軍轉行改業，成為居家要角。如果喜歡木頭的溫暖，小零售店鋪的家具絕對能夠帶來意外驚喜，除了具備大量的抽屜之外，還擁有無可挑剔的人體工學設計。鋼製家具散發當代氣質，與1930~1950 年代的現代主義風格合作愉快。

▲這件老舊的機械工作桌保存完整，提供許多收納空間。

沿用家具或改造家具

在廚房中，屠夫的砧板或雜貨商的櫃台可以變成好用的工作檯。在客廳或書房，銀行櫃台、印刷廠的工作桌、理髮店或牙醫診所的扶手椅、一整排電影院或劇院的折疊式座椅，絕對能夠讓人耳目一新。擁有豆型椅背的工廠椅、牙醫診所或美術學院的凳子，都能提供賞心悅目的曲線。標籤抽屜檔案櫃可以幫助快速找到鞋子、小件衣物、玩具、浴室內的化妝品和藥物（請放在孩童無法觸及的上層抽屜），以及廚房各種香料。

> ### 卡羅琳·季侯（Caroline Giraud）*的三大黃金原則
>
> ● 選擇老舊或改裝家具。
> ● 利用沉重、僵硬、厚實的材料（金屬、混凝土、木頭）與靈活、輕巧、纖細的物品（玻璃、紙、花）製造對比。
> ● 大膽明快地為家具重新塗漆，勇敢使用雙色。
>
> *工業裝潢商店 Carouche 的創辦人。

NEW INDUSTRIAL FURNITURE
再造風格的——
新工業家具

今日許多市面上的家具樣式或作品，常以過去各行業的家具為靈感，這些構思精良的作品通常都採用二手材料做為原料，請精於骨董樣式的專家設計，再由優秀的工匠製作。

注意四周，發掘複製品、復刻品與靈感！

- 許多今日販售的樣式或作品皆以昔日各行業的家具為靈感。因此，酒吧的吧台和高腳凳、縫紉用品店的家具、屠夫的砧板台都成為室內擺設的經典之作，風靡大城市與小鄉村。
- 如果復刻無法表現當代家具的精神，那麼還有其他物美價廉的樣式可選擇。它們的尺寸適合現今的室內空間，絕對值得多加青睞，而且還可以透過塗漆、更換把手或將台架包上錫皮護層，輕鬆打造個人化風格。

穩固的基礎、厚實的線條、完美的拋光，
以工業風為靈感的新家具特別偏愛天然或二手材料。

因應各種活動的功能型家具

　　團體用的家具可以創造夏令營氛圍！長凳、小學生的課桌椅、體育更衣櫃、鞋匠凳、洗碗槽、噴水式水龍頭、器具掛鉤，這些堅固精實的功能性家具和物品，全都可以在餐飲旅館和團體設備專賣商處買到。成衣商使用的掛衣架和展示架經過精心設計，可以快速高效地整理衣物。花園家具散發田園牧歌氣息，讓人忘記它們其實堅固耐操，如今已可同時應用於室內和戶外。

二手舊物再造風格

　　正在尋找長度高度都夠的鉚接金屬桌台？類似工作坊窗戶改造的鏡子？使用屋架木材製成、比例適當的桌子？那麼請瞄準二手材料、美麗的手工飾面、限量品或訂製品，現在就能以熱情和高雅品味再造工業風格。這些作品通常都採用二手材料做為原料，經過精於骨董的專家設計，再由優秀的工匠製作。雖然需求逐漸增加，但仍能提供極具競爭力的價格，可説是物超所值。許多布置與裝潢大廠也汲取工作坊家具的靈感，可以在這些廠牌中找到價格適中的原創鐵皮家具。

▲這張現代創作的移動式扶手椅深受工業風啟發，採用彎折成型的鐵皮，並在下方裝設輪子。

◀這張自然材質的矮桌由氧化金屬和回收木材組成，與古舊家具搭配得天衣無縫。

LIGHTING

專業——

照明設備

　　可伸縮、變向、調整、彎曲、美麗堅固、精巧尤甚，工業燈具能滿足我們對於照明的所有需要，現在已是不可或缺的家具。搪瓷反射鏡、樹脂濾鏡、關節五金、平衡臂、鉗夾扣件、鑄鐵基座或輪架……給予工業燈具樣式許多靈感。

▲這盞 Jieldé 出品的機械折臂燈是稱為「Loft」的燈款，本是一名機械工程師為解決自身需求所設計，自從 1950 年問世以來廣受歡迎，人氣不減反增。

工廠吊燈與工業風格密不可分，有些尺寸適中，有些巨大異常，
聚集多個同時展示能夠製造出乎意料的效果。

專業照明設備配有調節器，能夠調整光暈的強度和亮度，除了實用之外還經常創造精彩效果。這座罕見的巨大無影燈就是一例，照明時完全不會留下任何陰影區。

專業照明設備進入居家

由知名設計師艾杜亞・威爾菲・布加（Eduard-Wilfrid Buquet）、瑟吉・慕（Serge Mouille）、喬治・卡沃汀（Georges Cawardine）或莫里安諾・佛杜尼（Mariano Fortuny）所構思的燈具，在他們的年代，為眾多工業燈具製造商開啟了靈感大門。而這些傑作在今日依然大獲成功，有些品牌甚至復刻旗艦樣式，譬如Jieldé 的機械折臂燈，推出比較符合現代人品味的色款。此燈款的燈身呈之字型，是一位老闆為了幫自家工廠尋找配備，乾脆親手發明的傑作。土地測量員的三腳架、礦工燈、電影院投影燈以及攝影用的太陽燈都能在住家中找到一席之地。舊貨店的挖寶者莫不睜大眼睛尋找折臂燈的回收零件，以及經典車款的車頭燈。

為剛硬的工業風打上溫暖柔輝

在光線充足的情況下，我們對家具和裝飾品的體積大小會有不同的感知。使用直接照明搭配間接照明，運用不同的顏色、強度和光量大小，就能大玩光影和對比的遊戲，創造出微妙的立體感，柔化工業世界的剛硬線條。在日常生活當中，成功的人工照明能夠因應每個空間的活動，依照季節完美自行調整。冬天的自然光最微弱，可藉機全面評估照明設備的效能。請考慮選擇可調節式與可變向式的燈具，讓住家成員能夠根據不同需求輕鬆進行調整。

使用工作燈、立燈照亮角落

局部燈光能夠消除一般燈具製造出的陰影，避免在烹飪、做手工藝、縫紉、繪畫時感到眼睛疲勞。建築師、烤漆廠與金銀工匠的專用燈就像無影燈或手術燈，能夠在工作檯上投射直接精準的光量。在舒適的沙發上方，一盞有著懸臂平衡支架的高腳落地燈，照亮閱讀區域。如果預算不高，也可在辦公室建材供應商處找到黑色、紅色或鉛色的新機械折臂燈，既平穩又堅固。

▼廚房的華麗巴洛克式分枝吊燈與年代久遠的拼接集成木地板互相輝映。

這張氣勢懾人的桌子以橡木和型鋼製成，懸掛的白色
紙吊燈有如雲朵，在桌子上方譜成一首明亮纖細的詩。

大燈罩吊燈驚艷全場

　　這些沉重的巨大工業鐘型罩燈由玻璃或搪瓷金屬製成，散發主宰全場的強大氣場，需要足夠的天花板高度以及強化的懸掛系統才能支撐。餐桌上方的可調式吊燈體型大、深度淺，在用餐時投射柔和的光暈，並可視需要降低，在做功課時提供更直接的光線。使用調節器除了能夠調整超大型燈具的光線強度之外，還能安裝大型素玻璃燈泡，讓它們像一顆顆從天花板懸垂而下的水滴，營造如夢似幻的詩意。

水管鑿洞變身壁燈

　　只要在鋅或銅製水管上用錐子鑿幾個洞，就能做出富裝飾性的固定式狹長壁燈。它們散發柔和的間接光線，是用於臥室或電視周圍的理想選擇。懸臂式機械結構的小型吊燈，能夠藉由反射器的傾斜角度改變照明；廚房工作檯上方的工作坊壁燈則可利用十字撐條伸縮臂升降高低。

★工業風燈具這樣改！★

網籃壁燈
多孔鐵皮製成的樸素長形網籃能夠輕鬆改造成壁燈。

水管壁燈
在鋅質舊水管上鑽洞，模仿繁星點點的夜空，創造出兼具創意與詩意的改造典範。

OBJECT
工業——
物件

　　工業風熱愛從街上和舊貨商找到有趣
小玩意，並將二手物重新改造，可說是舊
物再生的先驅，而這些物品也迅速在此種
不同流俗、特立獨行的裝潢風格中獲得新
生命。大批脆弱易碎或奇形怪狀的物品，
加上無心插柳的循環再生，發展出這股歡
樂且投大眾所好的懷舊風潮，這一切全都
像是美麗的挑釁，嘲諷工業化的嚴謹精確。

現代工業精神

- 工業風是設計品製造商永恆的靈感
  來源，所以也可以考慮在新產品中
  尋寶。
- 這些漂亮又實用的日常用品小配件
  都是限量商品，至今仍廣受喜愛，在
  專門藝廊中可以找到它們的芳蹤。

天空、愛、歡笑、夢想、閱讀、樂事……利用舊字母招牌，
視心情在牆上拼出各種文字和標語！

美麗的車站時鐘見證了流水華年。

字母招牌裝飾牆面

雖然它們零散不成字句，卻能夠表達千言萬語。可以在牆上甚至地板上布置這些以前裝設在商業建築外牆的美麗金屬製字母，或是木製印刷字塊這種遺留下來的懷舊技藝。牆上掛一塊金屬板或利用模板漆上文字，就能點明空間的主要用途：餐廳、工作坊、咖啡館、圖書館……。

公共鐘

琵耶（Brillié）、隆貝荷（Lambert）、季侯（Giro）、雅鐸（Ato）、雷伯特（Lepaute）……跟著這些過去懸掛在車站和公共設施的美麗渾圓形體，追憶逝水年華。有時候會以原本的裝配地為公共鐘命名。只要由母鐘帶動，這些尺寸巨大的時鐘仍能精準運作。

民族風物品

面具、木頭雕像、民俗飾品、傳統樂器、節慶燈籠或雕工精美的門扇……這些全都是祖傳技藝的見證，也是旅行的邀約。

小酒館的食器餐具

陳列整組水瓶、盤子、廣告杯與杯碟，這些小配件最能代表歡樂宴飲的大眾文化，為廚房帶來露天咖啡座飲酒跳舞的熱鬧氣氛。陶瓷大菸灰缸也獲得重生的機會，十分適合在吃開胃菜時拿來裝橄欖核和牙籤。

美麗的骨董搭配怪奇逸品，營造浪漫的異想氣氛。

一系列製造模型搖身變為裝飾物品

異玩收藏

　　性感、神祕或危險……這些奇珍異物依照不同主題陳列在古老的玻璃醫事櫃中。有些舊貨商和古玩商是這方面的專家，可以隨興散步到店鋪，說不定能找到令人目瞪口呆的天然異品，打開眼界！

　　昔日的醫學世界，例如牙醫與外科工具、聽診器，以及大學醫科的教學用半身像等，保證令顧客興奮不已。

　　鐘錶店的玻璃罩，以往用來防止鐘錶精密器械沾染灰塵，現在找到全新出路，有些店用來幫 1950 年代的滑稽金屬機器人圈出一片天地。

　　大自然的幽默傑作也是可以考慮的對象：骸骨、化石、廢棄鳥巢、貝殼、奇形怪狀的石頭、漂流木以及其他天然的異秀珍品，諸如羽毛、獸角和動物標本，前提當然是不能傷害保育類動物。

▲便於堆疊和移動的零件盒可以塞在任何地方，收納一切零散物品。

費德里克・丹尼爾（Frédéric Daniel）* 的三大黃金原則

● 混搭工業骨董和經典家具。
● 陳列的物品應該件件動人心弦，洋溢個人特色。
● 留意兼具精工、精誠和精彩等三種特質的物品。

* 骨董店 ZUT！的店主

DETAIL

修飾——

細節

插座、門把這些小細節，稍微改變一些樣式與材質，就能營造工業感效果。善用織品、皮革等軟件搭配，為工業風嚴肅的線條注入溫柔與繽紛色彩。

經過乾燥的巨型大黃葉片，宛如金黃菸葉。

★工業風零件這樣用！★

插座外露不隱藏

專業用插座專為密集使用所設計，以持久耐用為
最高宗旨。

保留舊零件有歷史感

這些電氣調制器被保留下來，紀念建築物的舊時
功用。

加裝金屬把手與零件盒

可以在材料回收商找到搬運用把手和零件盒這一類寶貝。

電器插座也是裝飾

現在不再遮蓋插座，而是利用各種顏色、材質、尺寸讓它們大放異彩，以華麗的排場讚頌電氣仙子（La Fée Électricité）*。拉絲金屬、黑鎳、拋光和塗漆黃銅、鉻或色彩鮮艷的玻璃，為這些長方形的大型照明控制裝置穿上華服。裝置上包含許多雙路開關或按鈕。圓形掀蓋式插座以兩個一組或四個一組的形式高調一字排開，鑲嵌在地板中的隱形插座，則低調地以漂亮的鋼質掀蓋加以保護。

* 譯註：La Fée Électricité 是杜菲（Dufy）的畫作，正是以絢爛的顏色展現電器在現代生活中扮演重要角色。

裝設工業感的門把

為了創造非常工業感的效果，我們會改造專業性質的把手，譬如超過正常尺寸的火車和地鐵車門把手，或是老舊冷藏庫的鉸接式機械裝置。鋼殼或搪瓷球頭則能打造復古工作坊風格。如果想要更現代的外觀，可以採用玻璃材質或卵石外形的樣式。

用織品、皮革調和風格

無論是採用時髦新潮的材質，或是改造舊材做出耳目一新的效果，都可以考慮使用這些配件，為工業風剛硬嚴肅的線條注入溫柔氣息與繽紛色彩。超大型帆布抱枕具備眾多功能，就算放在地板上也沒關係，可供閱讀或看電視時使用，甚至當作小床讓小朋友睡覺。長方形的小抱枕上繡著充滿愛意的話語，乖巧文靜地排列在沙發床上默默等待……或是運用裝飾藝術風格的絲絨長枕，營造成熟優雅的氛圍。

地板可以鋪上編織羊毛地毯，帶來真切實在的舒適感受。亮麗的塑膠線編織蓆適合各種地面，可與五顏六色的小尺寸拼布交互層疊。小格呢披巾垂曳在每個房間，用它毛茸茸的溫暖為過分方正的沙發修飾稜角。或是在暖爐旁的椅子鋪一張羊皮，地板則放上貨真價實的牛皮。

空間

CHAPTER 4

RMONIE
NNELLE

PUBLIC SPACE
公共空間

起居空間中擺放厚實龐大的工業風家具，可搭配小型折疊椅、可疊式椅凳和有輪家具，增加功能性。如果想為現代化廚房完美融入工業風元素，運用大量可麗耐 ®、蠟質混凝土、玻璃或鋼鐵等等高品質材質就可以辦到。

經過改造的工作家具結合自然系色彩，
構建出極致優雅的工業風格，突顯十九世紀公寓的特色。

這間大客廳有著寬闊的花園視野，大玩材質與透視景深的遊戲。
入冬後全家也能在這裡圍著熊熊爐火，共度美好時光。

大起居空間

這間住屋的心臟地帶安排在明亮的大空間中，擺脫一切冗雜，採用多功能模組規劃，適合家庭成員進行各種活動，譬如一張布商用的大桌搭配可調整高度的工廠吊燈，既適合用餐又可供孩子做功課。厚實龐大的

工業風家具可搭配小型多層套桌、折疊椅、可疊式椅凳和有輪家具，讓功能更加完整。後面這幾件家具都可依需要隨興移動且容易收納。濃厚的實用意識、秩序和幽默感加上少許的復古，是打造優雅愜意工業風氛圍不可或缺的元素。

這間有條不紊的廚房採用柔和色彩和方便整理的材質，為全家人的所有活動提供空間。

在這間傳統的巴黎公寓中，五彩繽紛的馬賽克拼貼地磚，標示出舊有的隔牆位置。現代化的大廚房在打掉隔牆後就能與客廳聲息相通。

廚房

　　廚房是享受美食與交流的天地，以簡潔開放的方式安排在起居空間中。混凝土工作檯、錯落搭配的工作家具、1950 年代的 Formica 塑膠貼面（例如美耐板）家具，在洋溢波西米亞精神的工業風廚房，混搭、運用二手家具和堆疊不同材質。如果想為現代化廚房完美融入工業風元素，運用大量高品質建材，例如可麗耐 ®、蠟質混凝土、玻璃或鋼鐵就可以辦到。實用的不鏽鋼廚房在布置時採用專業餐飲設備材料，展現它們的實用性。居住空間不大嗎？大部分家電品牌現在都已提供尺寸小巧的不鏽鋼機型。無論如何，請考慮為工作檯加裝固定腳，既為了舒適，也是為了孩子的安全。

▼廚房可以用木椅和木桌混搭風格。

▲▼不鏽鋼、木頭、混凝土、改造：工業風以這四大要素為靈感，打造出親朋同歡的廚房。

WORKING SPACE
工作空間

工業風家具原本就是為工作而設計！旋轉椅、可傾斜桌與機械折臂燈都是物美價廉的好物，可用來巧妙布置功能完善的非制式書房。書架運用「積木」法，利用磚與木板堆疊出裝飾性。

▲這張書桌使用玻璃平面架在格柵構造上，玩弄透視效果。

工廠和小酒館家具在書房攜手合作，
使用一張優雅的舊酒館 **Tolix** 桌搭配一張 **Tolix** 椅，
布置嚴謹又舒適的工作環境。

書架設計

　　書籍與唱片也具有高度裝飾性！可以借用專業陳列架的靈感，給予它們一方精選空間。預算很緊嗎？那就運用「積木」法吧！由於重量足夠，磚頭、空心磚、回收屋樑與木板不需要特殊的固定件就能組合裝配。如果想要安裝一整面牆的書架，自行組裝式的鍍鋅鋁安全收納架價格不高，且能承受可觀的重量。銀行、藥房或雜貨店的多層架也提供了絕佳的改造可能性。輕巧實用的氣泡混凝土能夠輕鬆構建各種尺寸的壁櫥，用來輪流擺放唱片、別致的小擺設品和書籍。也可以考慮部分隔板或一物兩用的可能性，譬如正面是唱片架，背面做為衣櫥。

書桌布置

　　經典的小型鐵皮檔案櫃裝上輪子，正好可做為邊桌，用來收置紙張文件和筆記型電腦。別具巧思又具裝飾性的建築師桌可將桌面傾斜，提供更良好的舒適度。也可利用小學生斜面書桌為書房打造懷舊氣氛；用教師桌營造威嚴形象；或以美國銀行家桌製造豪華復古氛圍……看遍人情世面工作坊的工作檯能夠搭配各種地面，要支援一兩件難纏工作不成問題。

◀▲採用工業儲物架或以摺疊鐵皮創作的現代作品，金屬為書架增添現代感。

RELAXING SPACE

休憩空間

床頭桌、鑄鐵暖氣,能低調增添幾許鐵漢柔情的工業風臥室氣氛。衛浴空間可選擇實驗室的磁磚台、鋅皮材質,打造功能性、現代感或混搭風。如果有陽台,可以考慮使用混凝土、鋅、氧化金屬等材質做為裝飾盆。

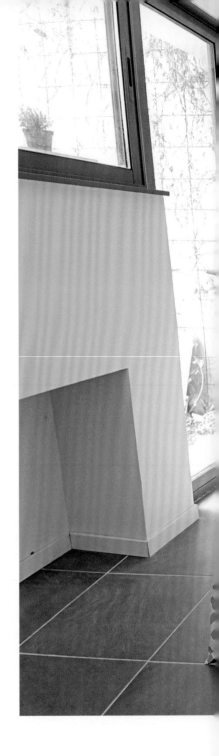

底牆以混凝土搭配澆灌混凝土的木頭模板，製造凹凸有致的效果。
這類工程必須在夏天或是打開暖氣進行，才能獲得細緻明亮的灰色。

臥室

　　柔軟天然的材質，平靜撫慰的色調……工業風臥室專為休憩而生，自然是以床鋪為中心進行布置。這個空間對於光線尤其講究：利用像舞台布幕那樣垂地的長窗簾柔化與篩濾光線；在床頭櫃擺上一盞機械檯燈，藉著燈具投射的直接光線閱讀，不必擔心干擾枕邊人。如果空間配置是讓臥房面向起居空間，就會利用部分隔牆遮擋寢具，屏障外界視線，保障隱私。一張醫院床頭桌、一座鑄鐵暖氣、幾個經過沸水處理的特硬紙板盒，這些物品都能低調增添幾許鐵漢柔情的工業風氣氛。

衛浴

　　實驗室的磁磚台、藥房的小型壁櫃、醫院的床頭桌、鋅皮材質……可選擇將工業風衛浴打造成功能性、現代感或混搭風。衛浴是放鬆時的親密空間，常與臥室相通以增加空間感和明亮度。潔白無瑕的地磚、蓮蓬頭、甚至地板都非常衛生，只需要用拖把就能迅速清理。磁磚、玻璃粉燒磚、板岩地或卵石地等等，現代化的工業風衛浴主打灰、黑、白色調的礦物感。舊式浴缸的圓潤厚實線條與淺色拼接集成木地板、鍍鉻水龍頭和鍍鋅收納箱完美契合。

▲金屬製的診所用具檯也能夠當作床頭桌。

▲兩側床邊可擺上檯燈或利用低垂的吊燈當閱讀燈，避免干擾枕邊人。

獅爪浴缸是這間浴室的整體裝飾要素之一，洗手台的高度則經過縝密考慮，適合所有家庭成員使用。

陽台與花園

　　在室外種出對比風情吧！想要天然純樸效果？請選擇鄉村風空間，種植香草植物、多肉植物、葡萄藤、大黃或向日葵。偏好詩意纖巧？蓮花、蘭花、日本侏儒櫻花可以憑添幾許異國柔情。喜歡實用主義？綠色的花草植物生生不息而且不需修剪整護。就愛懷舊風情？脆弱纖細的乾燥花朵、枝幹和葉片讓人追憶往日情懷……在裝飾盆方面，可以考慮使用混凝土、鋅、氧化金屬等材質，或將最龐大的花盆藏在柔韌的白色建築碎料袋中。修長的竹籬或棚架植物也可用來改變空間感。如果想要放大空間，別忘了保持室內與戶外的模糊分界，在牆壁與地板之間運用材料的延續性。

▲木質與磚頭是製造溫馨氣氛的好搭檔，讓這間古老工業倉庫的天井變成優雅的陽台。

混凝土、磚頭、金屬和玻璃等工業風材料，同樣適合戶外。

台灣設計案例

CHAPTER 5

TAIWAN IN CASE

圖片提供：爾商空間設計、大名設計、尤噠唯建築師事務所、好室設計

細節展現個性層次，扭轉冷硬性格

仿水泥環保塗料＋鋼筋
重現裸材質

誰說剛強直硬才能呈現工業風的個性，能曲能伸更有力度！不規則彎曲鋼筋、牆面裝飾小小裂紋，細節讓空間更有層次。

文 _ 溫智儀 圖片提供 _ 好室設計

在這個空間中，彎曲的書架結構，肯定是令人一眼難忘的設計。單身的屋主喜歡收集英雄電影周邊商品，設計師特地設計了鋼筋支架，展示並凸顯收藏品的特色，仔細看被掰開的地方，會發現令人會心一笑的小趣味藏在壁面上！

手工夾具，
彎出手感鋼筋書架

空間中使用許多純粹的裸材質，整座書架，即是直接用建築內部的裸鋼筋構成，考慮到書房空間較小，採用簡潔的線條式，將視覺面積降至最低。為了避免鋼筋直硬造成的死板，又不滿意機器彎出來的曲度太刻意，特別以人工夾具的方式加熱鋼筋，做出不均勻的彎曲度。配合破牆而出拳頭壁燈，手感的曲度反而更有力道。

處處利用特色燈具與跳色手法，例如沙發立燈、書房橘色船燈、機械桌燈。

天花板的照明，設計一排軌道燈與另一邊的彈性舞台燈，可調整照明焦點。

客廳的沙發、地毯、茶几，
以舊皮革材質與金屬搭配出軟硬適中的工業風。

刷上黑板漆的牆面配合按壓五金門片，隱藏了鞋櫃和衣帽櫃。

吧檯桌腳設計成飛機輪胎，用機械零件
完美結合屋主喜愛的旅行與工業風。

架設透明玻璃層板，完全引入來自窗邊的光線，充分展示收藏品，即使將書房兩側拉門都關上成獨立空間，也不會覺得壓迫。書桌則是一張沉穩的水泥桌，桌腳藏有滾輪，即使桌體本身厚重，也可以輕鬆推入鋼筋書架下方預留的空間，空出的地坪則可彈性做為客房支援用。

新型環保塗料，
輕鬆呈現水泥牆面

設計師使用新型的環保材料「樂土」，不必打掉此間新成屋的表層牆面，只需刷上薄薄一層，也不必再加任何塗料或上漆，就能創造出仿原始水泥的樣貌。樂土是水庫淤泥製成的超薄砂漿，特點是防水透氣、表面細緻平滑易清潔，工法上，比起傳統水泥還要經過打毛等等程序來得簡便快速，而且不易龜裂和發生壁癌。書房牆面、部分天花板與樑都塗上了樂土，在光影中反射細緻的水泥色澤。

考慮到大面積使用水泥色壁面過於冰冷，部分牆面砌上文化石，一方面增加空間暖度，另一方面也在開放空間中區隔出廚房。磚牆刻意選用了三四種不同品牌、些微不同顏色的文化石堆砌，製造活潑的效果，加入一點點變化，就能讓磚牆多了輕盈感。

不鏽鋼板與機輪，
打造機艙吧檯

喜愛旅行的屋主，希望下班後在家也能擁有輕鬆心情，因此設計師以毛絲不鏽鋼板，邊緣釘上鉚釘，中間還設計了機艙窗，

特別訂製的鉸鍊椅，造型搭配屋主收藏的吧檯椅，並且與飛機的機械呼應。

鋼筋書架下方預留水泥桌尺寸，滾輪書桌可靠牆收入，空出大空間。

為屋主打造機艙吧檯。檯面由牆面延伸而出，另一端的桌腳則設計成機輪。客廳的茶几與邊櫃，都是由旅行箱改造而成，兼具風格與收納功能。旅行的意義，隱含在物件中。

地板則鋪設超耐磨木地板，選擇深淺顏色拼接的變化方式襯托工業風。設計師表示，有許多鍾愛工業風的屋主偏好水泥粉光地面，但是已經有太多的經驗，看到最後都是後悔的居多，因為「裂」是水泥的天性，加上只要施工有些微不慎，日子久了，地板產生裂縫的機率實在太高。除了建議使用超耐磨木地板，目前市面上也推出許多款式多樣的塑膠地磚，也是工業風地板的好選擇。

一側使用原始的穀倉門片拉門、一側使用鐵件摺疊門，互相搭配出個性。

Designer's Profile：

設計師：陳鴻文
公司名稱：好室設計
網址：www.facebook.com/IvanHouseDesign
電話：07-310-2117

推薦店家：

引体向上 Indigo   02-8773-6746
www.facebook.com/indigotaipei
摩多家具   02-2708-0995
www.facebook.com/motto20018

跟設計師學創意，工業風這樣玩

Point ❶ 混色文化石—使用三四種些微色差的文化石堆砌，避免厚重感。

Point ❷ 水泥滾輪桌—厚重的水泥桌隱藏滾輪，兼顧風格與彈性移動功能。

Point ❸ 鋼筋當支架—使用裸材質，與水泥牆面展露原始面貌。

Point ❹ 跳色特別燈具—船燈、單吊燈、機械燈、舞台燈，金屬材質並跳色搭配。

Point ❺ 鉚釘邊緣—在皮革、金屬檯面邊緣釘上鉚釘，營造粗獷手工感。

房間用帽子燈、鉚釘皮革書櫃、分叉式桌腳邊桌等特色單品點綴。

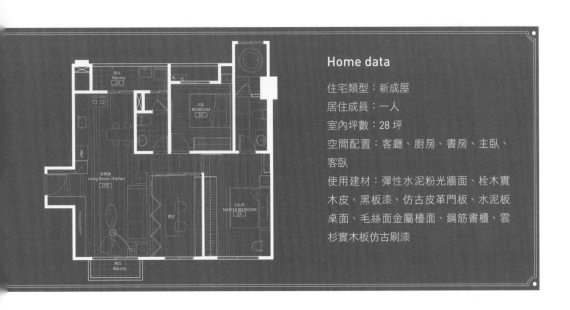

Home data

住宅類型：新成屋

居住成員：一人

室內坪數：28 坪

空間配置：客廳、廚房、書房、主臥、客臥

使用建材：彈性水泥粉光牆面、栓木實木皮、黑板漆、仿古皮革門板、水泥板桌面、毛絲面金屬檯面、鋼筋書櫃、雲杉實木板仿古刷漆

★工業風元素拆解★

元素拆解 **1** 建材

牆面使用樂土，讓此間新屋的油漆牆面，輕鬆
快速還原成水泥風貌。平滑細緻的表面，展現
工業風細膩的一面。

元素拆解 **2 燈具**

破牆而出的拳頭造型燈
具，在牆面上裝飾裂紋，
鋼筋書架也做出扭曲
狀，在細節處充滿張力。

元素拆解 **3 家具**

屋主收藏的單椅由皮革與金屬構成，設計師在
其它家具選擇上，也以簡潔鐵件與舊皮革的椅
子、燈具來搭配融合。

元素拆解 **4 壁面**

此面牆以文化石與毛絲不鏽鋼板互相調和出冷
暖適宜的視覺感，另外設計牆面植栽，用綠意
展現空間生命力。

舊棧板、檜木的手感再造

舊屋的溫度
延續美好年代記憶

　　工業風空間設計本著尊重環境，依循
著現有的涵構條件，在設計上做調整。而
拆除老屋時露出的鐵皮屋架，揭開這間充
滿工業風情的老屋再造序幕。

文 _ 魏賓千　圖片提供 _ 尤噠唯建築師事務所

「學建築的人，喜歡空間最原始的表現，材質的純粹感，像鋼、實木等。取自於大自然，最終回歸於自然。」屋主尤噠唯建築師如此表示，本案設計可以說是無心插柳，柳成蔭。

這是城市裡的老社區公寓房子，因應公園綠地，採取退縮的手法，退讓陽台、露台，將面向公園的光與景引進，融入室內。

回收再利用，
工業材變身訂製家具

兩層樓的使用空間，因應家人的生活需求調整格局，樓下空間維持二房、和室書房的配置，另以開放餐廚空間取代客廳的待客機能。樓上，利用一道不及頂的杉板模牆，將主臥寢區、起居室兼視聽空間分隔開來。老房子格局微調，待樓上屋頂進行拆除時，給了尤噠唯一份驚喜。鐵皮屋桁架完整良善，重新整頓上漆，便是一幅粗獷冷冽的人文風景，也成為這個空間設計的原點、設計主軸。

尤建築師利用簡單、部份回收的木料，手邊回收的木棧板以 **85x100** 公分的模組化規格，填入三角屋型的空間裡，搭配七彩繽紛的漆牆背景，做成一道可收納、展示，且活動層板可視需要變換位置，擺上掛勾就能隨意吊掛衣物、盆栽的電視主牆，也成為與室外大自然的記憶延伸與裝置聯結。棧板牆的裁切剩料，更在設計者的創意發揮下，結合木工師傅的巧手藝，化為一件件訂製家具，如主臥裡的床架、床邊櫃等。

上層

不及頂杉板模牆切開公、私領域，隔出雙動線。

電視牆設計不僅將模矩化、回收的舊棧板，
填入三角屋型的空間裡，成為與室外大自然的記憶延伸。

杉板模牆屏劃分主臥寢區、起居書房，
灰色牆、溫暖的木色，無一不是對大自然的投射。

空間設色以中性、冷色為主，
搭配工業生產的磚、水泥、鐵等，產生既衝突又和諧的美感。

工業產物的杉板模牆自然成為起居區的閱讀屏障，低調地融入空間裡，卻又高調地不容人忽視。

舊牆、舊家具，
體現人文之美

女兒紅愈陳愈有味，老房子最迷人的地方也是如此。那是一種「經年累月」的沉澱發酵，是無可取代、無法速成的回甘滋味。

老房子原有的燈具經重新整理後，將再陪伴著尤宅一家人生活，如和室書房的吊燈源自於原餐廳的主燈；連最為人所不喜的斑駁舊牆，那見證過去數十年時光的的壁癌質感，在這裡也被忠實地保存下來，與紅磚牆、舊木的自然況味相互呼應。

整理老房子時，偶遇樓下鄰居棄置不用的鐵櫃，四〇年代的陳年櫃子經翻新、粉漆，

擱在 1 米 5 長的鐵件衣櫃門屏旁；剩料再利用的新家具、偶遇拾回的有緣鐵櫃子，加上從二手家具店搜羅的 Eames、韋格納經典椅等，完美地融入新空間裡。

尤建築師表示，空間反應居住者、設計者對「HOME」的看法，希望回歸自然，尊重環境，利用簡單的材質做組織，如窗外看出去是公園綠景、棧板牆後的彩虹景等，無一不是對大自然的投射、想像。在這樣的前提下，發展出空間裡的選材、老家具、材質運用，乃至於配色也以中性、冷色為空間基調，與工業生產的磚、水泥、鐵等，或冷硬、或柔暖，一如人間四季的溫度變化。

起居區的雙動線之一，不僅串聯公、私密空間，也讓室內外的關係緊密。

下層

微調老公寓房子的格局，以開放的餐廚空間取代客廳配置，是待客、家人團聚的快樂場域。

Designer's Profile：

設計師：尤噠唯

公司名稱：尤噠唯建築師事務所

網址：www.sharho.com

電話：02-2762-0125

推薦店家：

丹麥倉庫　02-2364-0606

dwtw.shoplineapp.com

覓得設計傢俬　02-2930-7660

www.mid20thkiosk.com

跟設計師學創意，工業風這樣玩

Point 1 回字型軌道燈—大樑結構貫穿餐廚空間，利用回字型軌道燈作連結，淡化大樑存在感。

Point 2 裸露斜頂鐵架結構—保留原始建築結構，融入工業風布置，形成個性十足的當代家居面貌。

Point 3 木材回收再利用—把手邊易取得、可大量生產的材質，重新拆解組構，如孩房裡以二手回收的檜木，重新打磨、拋光，做成裝飾牆景。

Point 4 舊家具再生—老舊的家具物件不僅提供生活使用，也是一種生活記憶的留存。

Point 5 建材餘料再製—回收的棧板除了變身為主牆，裁切餘下的棧板剩料在木工師傅的巧手製作下，成為小矮凳、床頭櫃、床板。

孩房那道立體感十足的凹凸牆源，
源自於二手回收的檜木，重新打磨、拋光而成。

和室書房的吊燈其實是前任屋主留下
的餐廳主燈，是三、四〇年代的工業
產物，隨著老房子一起重新整理，換
了 LED 燈泡，展現復古風采。

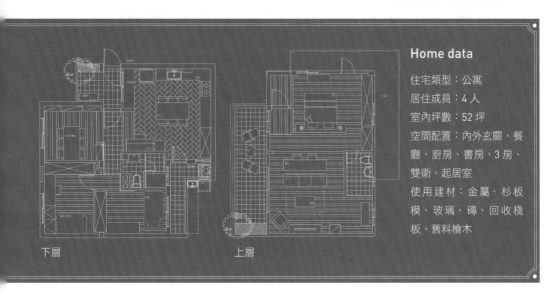

下層

上層

Home data

住宅類型：公寓

居住成員：4 人

室內坪數：52 坪

空間配置：內外玄關、餐
廳、廚房、書房、3 房、
雙衛、起居室

使用建材：金屬、杉板
模、玻璃、磚、回收棧
板、舊料檜木

★工業風元素拆解★

元素拆解 1　建材

刻意將老房子水泥牆的壁癌質感保留下來，斑駁的牆景刻劃房子久經
歲月的蒼桑故事，讓過去、現在、未來連結成緩緩流動的時間長河。

元素拆解 2　家具

鐵皮屋桁架完整良善，重新整頓上漆，開闊的高樓視野，Eames Lounge Chair 讓人有偷得浮生半日閒的悠活想像。

元素拆解 3　邊櫃

裝置棧板牆的剩料，做成了床邊櫃及床架，空間氛圍有了老屋記憶裡陳舊的細節。

元素拆解 4　天花板

保留老房子原始的三角屋架型式，鐵架重新刷漆上色，搭配空間裡的彩色棧板牆、磚牆、杉板模牆、玻璃等，延續老房子數十年的風華。

減去粗獷，混搭木元素

美式Loft遇上隨性工業風
碰撞獨特生活美

工業風除了冷冽、個性、粗獷，也能添加溫暖、優雅、
活潑的關鍵詞。大名設計運用木材質、美式語彙、
混搭手法替居家提味，展現工業風迷人的多樣性。

文 _ 柯霈婕　圖片提供 _ 大名設計 tAMINN Design

一對夢想要在家打造專屬咖啡館的夫妻，喜歡與眾不同外加勇於嘗試，遇上了熱愛創造不凡的設計師邱銘展 Jensen，共同在這 40 坪公寓中顛覆冷酷強悍的工業框架，透過大量的素材混搭、熱情的色彩調和，創造活潑溫暖的工業宅。兩人的夢想起因於旅行時的美學衝擊，因工作關係常常前往美國、德國、日本等國家，走入各地的風格咖啡館亦是興趣使然，旅途中見識到紐約充滿藝術爆發力的 LOFT、德國工廠的純粹與斑駁、以及經內化產生內斂溫和的日本工業感，因而迷戀上象徵自由的 Loft 與隨性奔放的工業風格。

但兩人依舊戀家，而且個性熱情溫暖，因此 Jensen 除了讓美式 Loft 與工業風交融，另外以台灣舊時代的美好當作獨家配方，加入古早時代的素材語彙如抿石子、磨石子磚、白色馬賽克磚，牆上的大鐘訴說美式曲調，調配出具有人情味的復古工業風。

透過斜度延展的視覺創造空間放大的效果，並使用鏽鐵板與鍍鋅鐵板營造工業時尚。

天花板採取仿舊刷漆及粉光處理，運用軌道燈、消防管線與螺旋硬管架構工業表情。

吧檯與天頂甘蔗板的斜線角度開展空間視覺，
同樣的木材語彙替工業空間添染自然原味。

藉由一道裝飾性的牆櫃將視聽機能、房門與收納展示整合呈現，
並納入各種板材與木材展現自由混搭的工業精神。

水泥粉光不只界定過道，也替斜線拼貼與
橫向鋪排的兩個木地板場域拉出界線。

找到風格關鍵元素，
交融出獨特的工業風情

　　首先保留空間原有的 3 米 3 樓高，藉由原始的水泥模板、裸露且噴上古銅色的管線、黑色燈軌，在天頂平面繪製深刻的工業表情，甘蔗板的局部點綴柔化工業風的峻冷，接著地板以大面積的水泥粉光及木材質拼接，拼組出有別於冷冽工業或是溫馨美式的空間面貌，試圖在粗獷中添加溫馨與細膩，玄關與衛浴地坪則利用磨石子素材導入台式復古魂，運用不同的材質散發不同時空的質樸溫度。

　　工業風能夠凸顯個人的生活態度，透過開放性的場域提供居住者揮灑生活的舞台，從玄關走入起居空間後，釋放悠閒感的吧檯便在一旁迎接，一家人能夠在此品味日子，滿足沉浸咖啡香、被愜意擁抱的生活想像；在客廳置入一面展示牆，以大量木材與板材接合，大大小小的收納格播放家人的記憶點滴，黑板立面也豐富家人的對話互動，不斷地讓生活影響空間樣貌。

混搭跳色，
製造活潑好氣色

　　材質是演繹工業風格的關鍵，整體居家因為相異素材的衝擊與色彩的碰撞，大大提高工業表現的精彩度，問到材質搭配的要訣，「我在這個案場中製造許多粗獷跟精緻的拉鋸。」Jensen 表示，透過這些拉鋸，成功表達工業風的原始率性並且帶入活潑有趣的空間感受，粗糙的文化石牆前方擺放精緻的皮革沙發、木材質的溫潤對比水泥粉光的冰冷、光亮的地磚對照顆粒感強烈的磨石子，每個元素彼此衝突卻又相互平衡，居家氣氛因為頹廢與樂活的交互作用而充滿樂趣！

　　同時以無色彩的灰階或是代表大地的木頭原色為空間背景，局部置入高飽和度的色彩作做為空間亮點，在習慣了灰黑的工業風空間中跳出橘黃色系與藍色系，不僅製造出層次及立體感，也讓強調破舊的工業感的空間擁有好氣色。

藍彩磚與水泥粉光的結合搭配抿石子地板，試圖用細膩懷舊的語調訴說工業性格。

樑上的木板模與粗底水泥呼應裸露管線的粗獷感，而鍍鋅鐵板與台灣早期復古白磚又把整體感拉向精緻。

Designer's Profile：

設計師：邱銘展 Jensen
公司名稱：大名設計 tAMINN Design
網址：www.facebook.com/taminnDesign
電話：02-2393-3133 ／ 0922-290-625

推薦店家：

原柚本居　02-8751-5957
www.mountainteak.com.tw
loft29　02-8771-3329
www.collection.com.tw

跟設計師學創意，工業風這樣玩

Point ❶ 原木塊—原木結合水泥粉光，為地板注入生命感。

Point ❷ 跳色—注入鮮豔色彩、跳脫黑灰色階的框架並活化空間表情。

Point ❸ 材質混搭—不設限的材質搭配，體現自由工業精神。

Point ❹ 亮面磚與鍍鋅板—平衡工業風的粗糙與頹廢，帶入精緻時尚感。

Point ❺ 美式 Loft—融入紐約藝術靈魂，讓工業性格不只強悍也能輕快。

主臥讓舊木拼貼的原始對應水泥粉光的細膩，豐富視覺也散發溫暖情味。

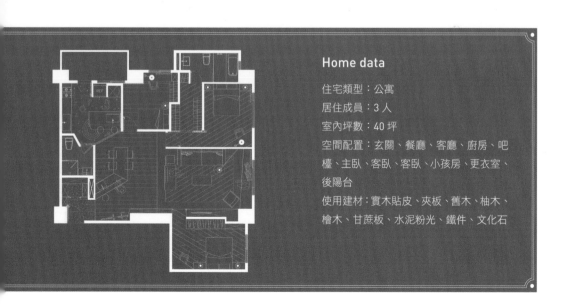

Home data

住宅類型：公寓

居住成員：3 人

室內坪數：40 坪

空間配置：玄關、餐廳、客廳、廚房、吧檯、主臥、客臥、客臥、小孩房、更衣室、後陽台

使用建材：實木貼皮、夾板、舊木、柚木、檜木、甘蔗板、水泥粉光、鐵件、文化石

★工業風元素拆解★

元素拆解 1 家具

特別以黃色系注入活潑性格，水染皮的牛皮沙
發搭配鐵製茶几與解構主義的牛皮地毯，柔軟
工業風的剛硬表情。

元素拆解 **2** 燈具

選用工業感濃厚的 Glas 吊燈，
彷彿來自廠房中常見的吊燈，口
吹玻璃材質為空間帶入精緻，鍍
鉻玻璃的燈罩，演繹懷舊的經典
時尚。

元素拆解 **3** 地板

廚房地板的水泥粉光強調手感與歲月的刷抹痕
跡，搭配鑲嵌於地板的實木年輪，斑駁中流露
自然況味。

元素拆解 **4** 壁面

在水泥粉光的立面置入兩道黑板立面，體驗工
業玩味，其中一道結合紅酒櫃設計，再度訴說
工業空間的隨性。

不只粗獷，更有人文味

看似不經意的小處細節
決定工業風的質感

如果古典風是五官精緻、打扮華麗的
公主，工業風應該就是不拘小節、有自己
調調的性格女孩吧，隨興、質樸還有著細
看才知道的內涵！

文 _ 劉繼珩 圖片提供 _ 爾商空間設計

　　從字面上來解讀，工業風最常用到「粗獷」兩字做為釋義，但如果再深究一下工業風表現在居家設計上的精神，就會發現它是非常具有包容性及內涵的風格，因為在看來隨興的整體設計下，還融入了歷史感的人文軌跡，「工業風的面貌多元，『人文味』就是其中一種。以因應房子本身的特性為設計原則，讓建物毫不隱藏的裸露，保留其原始味道，並藉由不誇張的色彩、質樸的建材呈現有故事性的歷史感，讓風格很自然地和生活連結在一起。」設計師口中的人文工業風，少了一些陽剛，多了幾分清新，在居家空間中輕柔地烙下印記。

玄關搭配鋼筋腳的椅凳和船鐘造型壁燈，鋪陳家的歷史感。

客廳僅有沙發和一面電視牆，捨棄電視櫃換取更寬敞的空間。

書房利用拉門做為隔間，延伸了客廳的尺度。

工業風是一種隨興的生活風格，居住者能與建物原貌自在共處。

天花板維持舊有樣貌，露出的紋理和管線耐人玩味。

往「舊」裡找，
落實風格元素

不修飾、不包覆、不隱藏，把一切舊有原貌融入生活空間，可以說是工業風的最大特色，也由此可見「舊」在風格中扮演的重要性。但要如何讓舊物件能和新家搭配又不顯突兀呢？設計師認為大方向就是掌握「仿舊」原則。

由於屋主夫妻本來就很喜歡舊東西，最初的想法是打算把鄉下老家的舊物拿來改造成新居家具，但礙於長輩惜物的觀念無法實現，所以在找尋家具時，鎖定與舊物件有相似 idea 的設計品為首選，例如：縫紉機改造的梳妝台、可吊掛衣物的斑駁木梯、當作擺飾品的映像管電視機等，透過這些富有舊舊味道的物件，不經意就讓空間流露出濃厚的復古歷史感，為工業風增添了人文內涵。

每一處小細節，
都是對味關鍵

在人文工業風空間裡，無論在空間本身及家具配置上，都看不到過度誇張的色彩或花俏的設計，取而代之的是強調機能與和諧，因此想要營造屬於個人的居家品味，勝出關鍵就在「細節」。

從一進門的玄關椅搭配鋼筋椅腳開始，就能窺得設計師與屋主在細節上鋪陳的巧思，沿線看到的客廳仿清水模電視牆也藏有玄機，設計師將清水模在室內、戶外如何呈現才合理，納入居家空間的設計思考，因此

壁面以脫模接縫取代一般常見的鋼模鎖孔造型；來到餐廳後，乍看之下並無特殊之處，但是觀察一下餐椅的木紋，還有每張椅墊的布紋花色，就會恍然大悟這份對質感在意的用心；再移步至書房，家具僅有線條俐落實用的書桌、單椅，但刷白磚牆留白，配上隨意放在地上的畫作，就譜出不羈藝術家畫室的氣息。

這些看起來絲毫不與空間設計搶戲的小地方，卻是不需要多餘點綴，就能完全製造對味氛圍的大學問呢！

改造自縫紉機的梳妝台，極具復古情懷。

開放式中島廚房以暗色系搭配實木餐桌椅，製造冷暖、深淺對比。

Designer's Profile：

設計師：游俊德 Victor

公司名稱：爾商空間設計

網址：www.facebook.com/axound

電話：0928-291-602 ／ 03-302-0091

推薦店家：

VI Studio   02-2703-0789

www.luminant.tw

古道具 delicate   02-8732-5321

www.facebook.com/AntiqueDelicate

跟設計師學創意，工業風這樣玩

Point ❶ 鞋櫃－百葉門片經過打磨、鋼刷後呈現仿舊感。

Point ❷ 磚牆－將表面粉刷剔除後刷白，展現自然紋理。

Point ❸ 櫥櫃－以層板和鐵件支撐架取代上櫃，突顯隨興沉穩風格。

Point ❹ 管線－走向及設定遷就房子原貌，保留建物原味。

Point ❺ 鋼筋－椅腳選用鋼筋代替鐵件，更有原始的粗獷感。

主臥色調簡單純粹，床旁擺放一把斑駁的梯子就很對味。

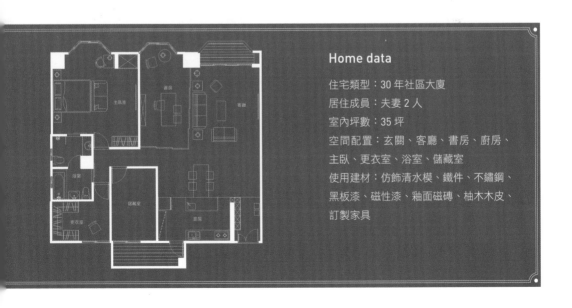

Home data

住宅類型：30 年社區大廈

居住成員：夫妻 2 人

室內坪數：35 坪

空間配置：玄關、客廳、書房、廚房、
主臥、更衣室、浴室、儲藏室

使用建材：仿飾清水模、鐵件、不鏽鋼、
黑板漆、磁性漆、釉面磁磚、柚木木皮、
訂製家具

★工業風元素拆解★

元素拆解 **1 燈具**

挑選時以具有復古仿舊感的款式為主，在細部
上可選擇白鐵面，再帶有點鏽斑更佳。

元素拆解 **2 壁面**

電視牆採用仿飾清水模塗料，以
刻意製造高低差的手法，做出一
片片脫模接縫的效果。

元素拆解 **3 開關**

為了符合復古的風格精神，可選用直撥開關或
美式開關，開關顏色則可使用不鏽鋼及黑色。

元素拆解 **4 門片**

倉庫門設計能表現粗獷感，可將原有的骨料門
裁切後埋在門片中，增加門的重量與質感。

設計師單品特色角落

圖片提供：
1.9. 大名設計
2.4.7. 爾商空間設計
3. 尤噠唯建築師事務所
5.6.8.10. 好室設計

P

實用手札

附 錄

CAHIER
RATIQUE

DESIGNERS
二十位——
經典設計師名單

　　這是一份二十世紀主要設計師名單，他們洋溢現代感的功能主義作品，深受工業風影響，當中部分傑作今日已飆到天價。不過，仍有可能在舊貨商偶然找到幾件過去做為行政機關設備的量產實用性家具。

▶賈克 · 安德聶（Jacques Adnet）：
　　建築師暨室內設計師，首度以金屬、玻璃和皮革，創造出極至優雅、現代與經典的幾何形家具。

▶馬歇爾 · 布勞耶（Marcel Breuer）：
　　建築師暨設計師，德國包浩斯建築學院的高材生，B3 椅的設計者。此椅款創造於 1925 年，是史上第一張摺疊鋼管椅，後來贈與畫家瓦西里 · 康定斯基（Vassily Kandinsky）。

▶荷內 · 尚 · 嘉葉特（René-Jean Caillette）：
　　康希尼椅（Coccinelle）之父。此椅款由玻璃纖維椅殼與黑色漆金屬管椅腳構成，在 1950 年代末由史坦納公司復刻發行，獲得轟動的成功。

▶喬治 · 卡瓦丁（George Carwardine）：
　　英國實業家，其公司專門製造車用懸吊系統。他於 1933 年創造出著名的機械折臂燈 Anglepoise。

▶尚‧路易‧鐸梅克（Jean-Louis Domecq）：

　　於 1950 年創造 Jieldé 燈具（燈名來自其姓名首字母 J、L、D），用來作為其工廠的機械裝備。機械折臂和反射器周圍保持環有助於輕鬆操作，結實的固著器則方便燈具隨處安裝。到目前為止還沒有任何能在可靠性、巧思度與實用性方面超越它的燈款。

▶夏赫勒與黑伊‧埃姆（Charles et Ray Eames）：

　　傳奇性的美國夫婦檔建築師、室內設計家與導演。他們致力研究與構思物美價廉的現代家具，希望能夠讓這類家具更親民普及。

▶皮耶爾‧格瓦里奇（Pierre Guariche）：

　　家具與燈具創作者，曾創造出兩件獲得極大迴響的 1950 風格代表性作品：風箏落地燈（Lampadaire Cerf-Volant）以及使用壓模膠合板製造的「桶型」阿姆斯特丹椅（Chaise Amsterdam）。

▶阿赫內‧傑寇布森（Arne Jacobsen）：

　　丹麥建築師暨功能主義設計師，也是有機現代主義的發起人，開創所謂的斯堪地那維亞風格：優雅簡約但不失功能性的線條搭配天然舒適的材質。他所創造的蛋型扶手沙發是 1960 年代最具代表性的作品。

▶皮耶爾‧喬納瑞（Pierre Jeanneret）：

　　瑞士建築師暨設計師，與表哥柯比意共同發明具備下列五點特色的新建築風格：採用單柱支撐式底層挑空、屋頂花園、自由平面（隔間不受建築基本架構限制）、橫向長窗和自由立面（不再負責支撐建築物）。

▶保羅‧拉斯奇歐（Paul Laszlo）：

　　美國／匈牙利建築師、設計師暨室內設計師，專精於商店與頂級辦公室布置。他的風格特點為流暢的線條以及非典型的色彩使用，許多商店設計師至今仍深受他的影響。

▶柯比意（Le Corbusier）：

　　本名為查理・艾杜爾・喬納瑞・格里（Charles-Édouard Jeanneret-Gris），是建築師、都市規劃師、畫家與作家，原籍瑞士，後來入法籍。他以其結構嚴謹、提升人類福祉的純粹主義風格，從 1930 年代開始領導潮流。LC2 沙發椅是柯比意式風格（Corbu）的代表作，由柯比意、貝希庸與喬納瑞聯手製作，直至今日依然在市面銷售，風華歷久不衰。

▶馬修・麥特高（Mathieu Matégot）：

　　設計師，從業初期為拉法葉百貨的櫥窗設計師，自 1930 年代開始使用藤、金屬或洞眼鐵皮創造精巧有趣的家具和日用品，並進入工業化量產。長崎椅（Nagasaki）、科帕卡巴納（Copacabana）扶手椅以及聖地牙哥（Santiago）扶手椅是他最出色的作品。

▶喬瑟夫・安德烈・莫特（Joseph-André Motte）：

　　巧妙選用傳統材料（金屬、藤、木頭）創造符合人體工學、經濟實惠、洋溢現代優雅質感的家具。他與格瓦里奇和米歇爾・莫提耶（Michel Mortier）共同創建了造型藝術研究工作坊（Atelier de Recherche Plastique），是法國工業史上最著名的戀物風格室內設計師。法國地鐵的座椅便是由他設計，至今仍在使用。

▶喬治・納爾森（George Nelson）：

　　建築師、平面設計師與作家。這位展現未來主義願景的創作者熱衷於趣味性造型以及在家具上運用新材料。

▶野口勇（Isamu Noguchi）：

　　美國／日本雕塑家、室內設計師，以魚鷹為靈感創造出 Akari 系列的氣泡型或籃型紙燈。

▶薩維爾 · 博夏（Xavier Pauchard）：

　　銅工藝專家與塗釉沖壓鐵片團體家具製造商。囊括各大咖啡館穩定、堅固、可堆疊的 Tolix 品牌單椅、扶手椅、凳子和桌子，甚至連諾曼第大型渡輪的甲板也被全面攻佔。

▶皮耶爾 · 波朗（Pierre Paulin）：

　　室內建築師、工業家具與物品創作者。他將椅體塞滿泡沫塑料，外罩彈性布料，發明出兩款舒適的扶手椅，正是名滿天下的鬱金香（Tulip）和蘑菇椅（Mushroom）。波朗擔任托內特（Thonet）和艾蒂弗（Artifort）的設計師，以其繽紛多彩的創新風格在 1970 年代妝點艾麗樹宮、羅浮宮，以及其他顯赫的建築物和公司行號。

▶夏洛特 · 貝希庸（Charlotte Perriand）：

　　建築師暨前衛設計師，專精於室內布置。她是第一位提出模組式居家裝潢與工業材料 （例如鋼管） 轉用途的先驅，藉由這些工業材料製造出優雅隨興的金屬家具。

▶尚 · 普魯維（Jean Prouvé）：

　　鐵工藝家暨自學建築師，也是用型鋼鐵皮搭配木頭製造功能性家具的創作者。他從工業與技術層面針對構造進行深入研究 （例如型鋼結構、板件組合式帷幕牆、可見構造元素、彈性室內空間等），但完全無損其手工與藝術創作的鮮明品味。

▶拉菲爾 · 瑞佛（Raphaël Raffel）：

　　室內建築師。在他於 1950 年代初期確立其絕對實用性與現代性風格之前就已舉世聞名。他利用堅固便宜材料（例如金屬或 Formica 塑膠飾面板材）建構出的作品，主要是做為丹東尼（d'Antony）大學宿舍以及郵局辦公室的設備。

ITEMS

工業風必備——

特色單品

　　想要成功打造工業風氛圍，就得睜大眼睛，尋找被生活烙下印記、擁有故事的物品。美麗的物件所費不貲，但通常經過舊貨商精心修復。也可以趁著閣樓清倉拍賣，或者在街上遇到大型物回收時發現意外驚喜。不論有多少預算，請務必考慮改造這些物品的用途或加以混搭，賦予它們嶄新生命。

元素 1：機械工作燈、壁燈與吊燈

▶建築師機械工作燈。

▶吊鐘型或蘑菇型工廠吊燈。

▶直接放置式或腳架式電影院投影機。

▶金銀匠專技燈。

▶外科無影燈。

▶烤漆廠工作燈。

▶品牌搜尋：

Anglepoise Carwardine、
Artemide、BBT、
Bucquet、Cremer、
Fortuny、Gras、Holophane、
Jieldé、Jumo、Lita、Mazda、
Mouille、RG Levallois、
Sammode……

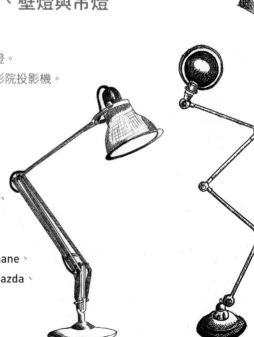

元素 2：裝飾小物件

▶異金屬招牌字母。

▶菸草店錐形招牌。

▶釉彩或網版印刷廣告菸灰缸和水瓶。

▶生鏽產生舊化效果的滑輪裝置、機械關節和機械。

▶精細易碎的義大利吹製玻璃水瓶。

▶古舊的皮革、金屬或木製運動用品。

▶乳白玻璃吊燈墜片。

▶古早味鐵皮玩具。

▶以木頭、鐵皮或上色石膏製作的櫥窗模特兒頭部模型。

▶圓形凸面哈哈鏡。

▶點唱機、桌上足球機、撞球檯、彈珠檯和酒吧遊戲。

▶工業廣告物品，例如米其林寶寶。

▶金屬明信片陳列櫃。

▶肉舖或香腸乾肉舖的掛鉤或棒子。

▶琺瑯塗層鐵皮板上的印刷廣告。

▶都市標誌、舊行人紅綠燈。

▶航空或汽車的舊機械。

▶工作坊或工廠金屬或木製的敞口盒。

▶直接放置式或支架式的裁縫用半身模型。

▶置帽用頭像和手套模型手。

▶加油站的加油機。

▶品牌搜尋：
Castrol（嘉實多）、
Chanteclerc、Citroën（雪鐵龍）、
Michelin（米其林）、
Mobiloil（美孚）、
Motobecane（摩托貝卡納）、
Motul、Siegel & Stockman、
Ricard……

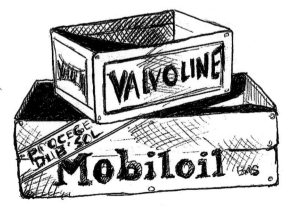

元素 3：電動公共鐘

　　這些尺寸超大的圓形或橢圓形體，有時會以裝配它們的工廠為名。

▶品牌搜尋：
Ato、Brillié、Deho、
Garnier、Lambert、Lepaute……

元素 4：技術用品

▶粗保險絲、捲筒與工廠電氣配件。
▶日用品鑄造廠的模具。
▶科學或航海儀器。

▶品牌搜尋：
Butterfield、Guichard、
Negus、Richet……

元素 5：奇珍異物展示櫃

▶世界地圖、學校用或醫學用海報。

▶仿動物的材料（角、皮革）。

▶超大型乾燥植物。

▶不透明玻璃製成的一整套實驗室瓶罐。

▶古代的醫學儀器。

▶美術石膏像臨摹。

▶世紀初的鐵製鳥籠。

▶肉店招牌：馬、豬、牛或公羊頭。

▶怪獸型滴水嘴。

▶民族風骨董。

▶趣味或滑稽的銀版照片。

▶品牌搜尋：

Armand Colin（亞芒 · 寇藍出版社）、
Deyrolle（迪歐勒老舖標本店）、
Lebègue、MDI、Nathan、Rossignol、
Vidal、Lablache……

元素 6：工廠、工作坊或辦公室家具

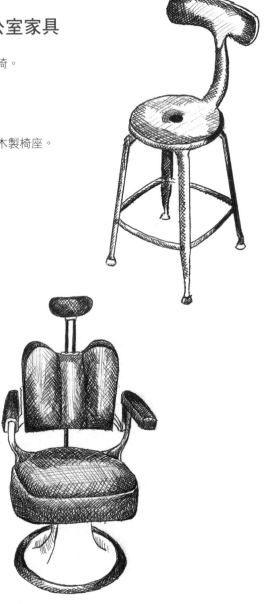

▶可堆疊式鐵皮椅和無扶手高背矮沙發椅。

▶ 1960 年代的豆型椅背鐵皮工作坊椅。

▶金屬辦公室桌椅。

▶源自美國的 1930 年代旋轉扶手椅

▶可調式學習凳，配備金屬踏板和旋轉木製椅座。

▶滑輪椅，高度可調，椅背可搖動。

▶理髮店和電影院扶手椅。

▶郵件分類架和升降凳。

▶工廠更衣櫃。

▶布商桌。

▶繪圖桌，可藉由液壓踏板調整高度。

▶政府機關的木頭或金屬辦公桌。

▶金屬政府機關家具。

▶文件櫃式、簾門式或抽屜式家具。

▶鋁製安全儲物架。

▶醫事玻璃櫃。

▶軍事食堂的桌子和凳子。

▶實驗室磁磚台。

▶機械技工或金銀匠的工作檯。

▶餐酒館的吧台。

▶銀行櫃台。

▶推車籃和礦工推車。

▶品牌搜尋：

Bienaise、Flambo、
GDB Alcopa、Hansen、
Kartell、Manufrance、
Manutan、Herman Miller、
Pauchard、Ronéo、
Singer（勝家縫紉機）、
Standard、Strafor、
Thonet、Tolix、Vitra……

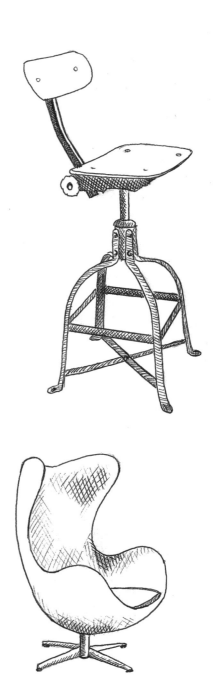

DIY TIPS

工業風必知──

DIY 小訣竅

此處提供幾個點子和配方，幫助打造出富有個人特色的工業風室內裝潢，另外請千萬記住：下文中使用的產品通常都具有危險性，所以務必打開門窗，保持良好通風，並且穿著長袖衣物、配戴橡膠手套、面具和護目鏡做為保護。

夜藍鋼效果作法

以下是賽德列克 · 季端（Cédric Gidoin）提供的配方，他是一名喜歡使用鋼材和木頭的創作者。請按照下列做法創造美麗的深灰色鋼：

使用砂輪機幫鋼材擦鏽除垢，然後用砂紙去除除垢的痕跡。一邊沾濕鋼材表面，一邊進行拋光，逐步增加砂紙細度，直到表面光滑無瑕為止。

使用海綿擦上丙酮，等到表面油污完全去除之後，塗上一層赤鐵（棕化劑），然後用清水沖洗。接著塗上單一組成物清漆或亞麻油釉料（1/3 油、2/3 松節油加 4 ～ 7% Sicatif 乾燥促進劑）做為保護。也可使用玉油（huile de Jade）為小面積進行防護，這種油品效果優異，但也十分昂貴。

保養金屬

▶銅：將 1 公升白醋加入兩大匙粗鹽煮沸，把這個溶液塗上待清潔的物品，然後用熱水沖洗。最後以抹布擦亮。

▶溫和清潔不鏽鋼：將海綿浸入溫水與白醋 1：1 的溶液中，然後用海綿進行清潔，之後再以軟布迅速擦乾表面。也可以用切成兩半的馬鈴薯搓擦。

▶保存鋅的美麗光亮銀色：利用海綿的硬面搭配白醋清潔表面，然後用水沖淨並塗上一層黑肥皂。

▶讓鑄鐵增黑並加以保養：用鋼絲棉好好刷洗，再用抹布把粉塵碎屑拭淨，然後塗上一層黑蠟，接著擦亮。鑄鐵會吸收蠟的油脂，所以不必擔心弄髒衣服。

讓金屬氧化

將鹽酸與水以 3：7 的比例稀釋，用這個稀釋溶液塗滿表面，然後讓它自然風乾。重複上述步驟直到獲得想要的效果，最後使用亞麻油做為穩定劑。

請注意：鹽酸具有危險性，務必戴上護目鏡和手套。正確作法是將鹽酸倒入水中，而不是將水倒入鹽酸，否則會造成劇烈化學反應。

金屬上色教學

賈克‧米歇爾（Jacques Michel）於 1930 年代寫下《為金屬上色（La coloration des métaux）》一書，由尚‧希利爾‧古德福瓦（Jean-Cyrille Godefroy）出版社發行，是瞭解金屬上色技巧（燒藍、舊色效果、氧化、大理石紋、虹暈效果）的完備佳作。

用食物自製塗料配方

馬鈴薯、橄欖油、鮮乳酪……何不自己烹製經濟又環保的完美塗料，可以應用在石膏、木頭或磚頭上！請前往這個超級環保又具創意的網站 **www.espritcabane.com**，尋找塗料和漆料配方，以及無比實用的調製建議。

讓木頭煥發光彩

一律從好好打磨木頭，去除殘留塗層開始，然後仔細清理粉塵。

▶針對軟木木材：用高濃度漂白水溶液清潔。但請注意，這種溶液會燒壞木材的纖維，造成木材提前老化，所以請確定這是您要的效果。

▶針對非軟木木材：

•使用草酸：在 1/2 公升的熱水中溶解 100 公克的草酸，然後用尼龍刷或海綿將溶液塗上木頭表面，讓溶液作用兩個小時後，再用清水沖洗。

放置乾燥一天，然後用加入 1/10 含甲醇酒精的水溶液清洗。

•使用雙氧水：

請注意，如果使用這種方式處理表面，就無法塗上聚氨酯漆。

在非金屬容器中，將體積 130 * 的雙氧水（腐蝕性極高，必須在藥房購買）與氨水以 9：1 的比例混合。用尼龍刷或海綿將上述溶液塗在木頭表面，然後以清水沖洗。放置乾燥一天，接著用加入 1/10 含甲醇酒精的水溶液清洗。

*譯註：即濃度 35% 的雙氧水。

巨幅海報

　　請數位印刷公司將相片、圖畫或自己的拼貼作品，複製到建築設計平面圖上，以超大尺寸列印出來。將這張巨幅海報以壁紙膠直接貼在牆上。依照喜好、季節或人生大事隨時更換圖像！

　　數位印刷技術也能將影像複製到掛式織簾上。也可以使用計算軟體 （Rasterbator®）放大照片，並將它們分成幾部分在 A4 大小的紙上印出，然後重新組合成影像。

裝飾字體

　　如果想要製作模板刷印或壁貼，**www.dafont.com** 網站擁有大量復古字體，可供私人用途使用者免費下載。

STORES
推薦──
廠商與店家

這份地址名單還有許多遺珠，因為工業風界的競爭百家爭鳴⋯⋯

建築與室內設計師

▶兩位年輕建築師、一名工地女領班、一位運用才華創造工業風格的室內設計師：Vladimir 親手興建與設計自己的工業風住家，真是帥呆了：

Vladimir Doray
19, rue de la Chapelle
75018 Paris
Tél. : 06 60 63 85 83
Mail:v.doray@wildrabbits.fr
www.delespace.com

▶這位建築師致力在柔和微妙的色彩之間達成平衡，將平凡狹小的兩房一廳改造成明亮現代但不失舒適的 Loft，圓滿完成任務：

Philippe Harden
7, rue de Crimée
75019 Paris
Tél. : 01 42 02 72 59

Mail : ph@philippeharden.com
www.philippeharden.com

▶為了避免不愉快的意外枝節，這名工地領班從構思到交屋都會針對屋主翻修方案提出建議，而且全程親自監工：

Karine Hertz
13, rue Pasteur
75011 Paris
Tél. : 06 76 20 90 99

▶ Valérie Escanez-Guitton 這名室內設計設計師熱衷於「不按牌理出牌」的風格：

VEG Déco
26, rue des Petites-Écuries
75010 Paris
Tél. : 06 22 16 02 78
Mail : veg@neuf.fr
www.vegdeco.com

專業人士與團體

下列地址專門保留給專業人士，但也可以在他們的網站上找到妙趣橫生的靈感，然後與您的建築師或承包商溝通。

▶混凝土設計長椅、木頭校椅、鍍鋅鋼槽，只要向下面這間購物中心郵購，就可以將改造想法和上千篇專業文章的點子付諸實現：

Techni Contact
253, rue Gallieni
92100 Boulogne-Billancourt
Tél. : 01 55 60 29 29
www.techni-contact.com

▶提供各種依主題精選的創新材料：

Matério show-room
8, rue Chaptal

75009 Paris

Tél. : 01 40 82 98 48

www.materio.com

▶提供咖啡館、旅館、餐廳、酒
餐館家具的商店：

Vi Équipement

160 Avenue Paul Vaillant
Couturier 93120 La Courneuve

Tél. : 01 48 33 10 10

Mail : contact@viequipement.com

www.viequipement.com

▶可在這個郵購網站上找到團體
用燈具、家具和收納裝置：

www.atelierssystem.com

www.logismarket.fr

物質和原料

▶ DIY、材料和工具：

B.H.V.

Tél. : 01 42 74 90 00

www.bhv.fr

Castorama

Tél. : 0 810 104 104

www.castorama.fr

Ikéa

Tél. : 0 825 826 826

www.ikea.fr

Leroy Merlin

Tél. : 0 810 634 634

www.leroymerlin.fr

Monsieur Bricolage

www.mr-bricolage.fr

Point P

www.pointp.fr

▶「全面翻新，不必傾家蕩產」，
這是北法 Loft 人最愛的品牌標
語。該品牌在厄爾省（L'Eure）
也有據點：

Sainthimat

7, rue des Joncs-Marins

27600 Gaillon

Tél. : 02 32 77 45 45

Mail : gaillon@sainthimat.com

www.sainthimat.com

▶收購二手建築材料、門窗、樑
柱、拼接集成木地板、暖氣、屋架
木材、鑲板、鐵工藝和陽台構件：

Dussel démolition

43, avenue Gambetta

94700 Maisons-Alfort

Tél. : 01 43 68 12 15

Mail : dussel.sa@wanadoo.fr

www.dussel-demolition.com

▶二手古老的材料：

Toury

171, rue de Bezons

78420 Carrières-sur-Seine

Tél. : 01 39 14 09 00

www.toury.anciens.free.fr

▶以傳統或現代方式加工鋅材或
錫材，為客戶打造吧台、流理台
背板或工作檯：

Les Étains de Lyon

Le Carré de Soie

4, allée du Textile

69120 Vaulx-en-Velin

Tél. : 04 37 43 61 86

Mail : contact@lesetainsdelyon.com

www.lesetainsdelyon.com

▶流理台背板、工作檯、家具或
牆壁飾面，全都可以使用不鏽鋼
量身打造：

Home Inox

14, rue Le Bastard

35000 Rennes

Tel. : 02 30 96 32 56

Mail : info@home-inox.fr

www.home-inox.fr

▶採用木頭、混凝土和金屬等材
質，以手工方式進行室內裝潢、
製造家具和裝飾物品：

Monolithe Création

Petit Rochefort 38760 Varces

Tél. : 06 75 03 65 96

contact@monolithe-creation.com

www.monolithe-creation.com

▶室內設計師、家具和金屬熔融
工藝創作者：

Chantal Peyrat

Zone maritime de l'Étang de Thau

34450 Balaruc-les-Bains

Tél. : 04 67 80 06 45

Mail : info@chantalpeyrat.com

www.chantalpeyrat.com

▶裝飾性金屬皮、金屬瓦、滾輪
與塑膠⋯⋯這裡是內行 DIY 裝潢
者的寶庫：

Weber Métaux

66, rue de Turenne

75003 Paris

Tél. : 01 46 72 34 00

Mail : info@weber-metaux.com

www.weber-france.com

▶不論用改造或堆疊手法，都要
以細節取勝！這間美麗的傳統五
金行提供裝潢新點子：

Lejeune Frères

209, rue du Faubourg-Saint-
Antoine 75011 Paris

Tél. : 01 43 72 27 37

Mail : lejeunefreres@free.fr

▶另一間開業於 1873 年的老五
金行：

Au Progrès

11 bis, rue Faidherbe

75011 Paris

Tél. : 01 43 71 70 61

www.auprogres.net

▶依照需求量身打造「鋅」裝飾：

Arzinc

Francis Arsène

84, rue de la Chapelle

75018 Paris

Tél. : 01 40 09 74 46

Mail : arszinc@aol.com

www.arszinc.com

▶這名創意滿點的年輕金屬工
匠，可針對各種需要（包括家具、
工作坊門窗框和金屬與木頭的配
置）提供構想，為專業人士或個
人打造客製化商品：

Atelier Cédric Gidoin

109, rue de la Réunion

75020 Paris

Tél. : 06 62 18 64 01

Mail : gidwinsan@gmail.com

▶提供種類繁多的拼接集成木地
板，以及用於保養的專門材料：

Émois et Bois

56, rue de Cambronne

75015 Paris

Tél. : 01 40 65 91 90

www.emoisetbois.com

▶提供處理木質，將木頭浸泡在
防白蟻、但無毒性的植物油中進
行處理：

Richomme Technobois

9, rue des Rigondais BP65

44130 Blain

Tél. : 02 40 79 00 64

Mail : contact@richomme.fr

www.technobois.fr

▶用斧頭劈砍出來的建築木材，
絕對真材實料，原木原味：

Alizé

117, rue Pouilly-Vinzelles

71000 Mâcon

Tél. : 03 85 20 54 15

www.artepy.fr

▶生竹鋪成的地板飄散異國清
香：

Bamboutech

65, rue des Missionnaires

69560 Sainte-Colombe

Tél. : 04 74 58 18 49

Mail : siebert@bamboutech.com

www.bamboutech.com

▶鐵與玻璃架構、樓板、樓梯、
門和迴廊專家：

Ferverre

24, avenue des Charmilles

93160 Noisy-le-Grand

Tél. : 01 43 77 10 23

www.ferverre.com

▶提供所有混凝土產品和添加
劑，以及各種使用染色水泥鋪設
室內和戶外地面的技巧：

Francomix

ZI de l'Aspre

30150 Roquemaure

Tél. : 04 66 39 56 35

Mail : contact@francomix-
industrie.com

www.francomix-industrie.com

▶利用輕混凝土為浴室和廚房打造客製化家具：
La Compagnie des Arts
2, route de Toucheronde
Le Ridereau
49800 Andard
Tél. : 02 44 61 21 41
www.beton-lcda.com

▶從地板到天花板都能一手包辦的混凝土專家：
123 Matières
123, avenue Daumesnil
75012 Paris
Tél. : 01 44 74 01 05
www.123matieres.com

▶這位獲得 Qualibat 認證的手作職人，提供蠟質混凝土、石灰、黏土、填泥、粉飾灰泥、瑪莫瑞威尼斯灰泥（marmorino）、泰德拉克灰漿等等：
Arts des Matières
Galerie Révélatio
3, allée de l'Economie
67370 Wiwersheim
Tél. : 03 88 27 19 19
Mail : contact@artsdesmatieres.com
www.artsdesmatieres.com

▶熱愛裝飾性灰泥與室內混凝土的女性室內設計師：
Marylène Tortora
84, avenue du Prado
13006 Marseille

Tél. : 06 09 52 31 50
www.ouillecapique.fr

▶如果您是個優秀的 DIY 專家，這裡提供所有自行完成裝飾性混凝土抹灰的必要材料：
Mercadier
16, passage du Chantier
75012 Paris
Tél. : 01 49 28 97 53
www.beton-cire-decoration.com

▶這間室內建築事務所展示了品項齊全的表面材料，包括礦物性、植物性與手工製作的各種素材：
Matières
114, rue de la Porte-Jaune
92210 Saint-Cloud
Tél. : 01 46 02 50 42
Mail : contact@matieres.com
www.matieres.com

▶劍麻、海草、亞麻油氈、人工草皮、覆蓋全部地面的絨地毯、石板、單塊地毯……可以在這裡找到為裝潢畫下完美句點的好方案：
Décorasol
118, avenue Ledru-Rollin
75011 Paris
Tél. : 01 43 57 44 68
www.decorasol.fr

▶來這間工業滾輪專賣店逛一

圈，讓家具動起來：
Paris Roulettes
61, avenue Parmentier
75011 Paris
Tél. : 01 47 00 53 32
www.parisroulettes.fr

▶專門為木頭除去塗層的公司：
Société Dyonisienne
de Sablage et d'Émaillage
19, rue des Fillettes
93210 La Plaine-Saint-Denis
Tél. : 01 41 62 15 15
Mail : contact@sdse.fr
www.sdse.fr

A.T.S
(Atelier Traitement Surfaces)
205, boulevard T. Aubanel
84260 Sarrians
Tél. : 04 90 65 49 70
Mail : contact@ateliersablage.com
www.ateliersablage.fr

Décap'Net
12, rue des Forges 39700
Dampierre
Tél. : 03 84 71 12 94

Métalboi
www.metalboi.fr

Decap'Ouest
www.decap-ouest.com

地磚和衛浴

▶衛浴用品的超市，提供各種符合預算的樣式：

Aquamondo

ZAC de la Croix Blanche

91705 Fleury-Mérogis

Tél. : 01 69 51 83 40

www.aquamondo.fr

▶品項眾多的精選地磚和衛浴設備：

Dimension Carrelage

29-33, rue Victor-Hugo

93500 Pantin

Tél. : 01 49 15 90 60

www.dimensioncarrelage.fr

▶衛浴施工與衛浴家具：

B'Bath

108 bis, rue du Cherche-Midi

75006 Paris

Tél. : 01 53 63 17 00

www.bbath.fr

▶美不勝收的地磚：

S'Tiles

91-93, quai

Panhard-et-Levassor

75013 Paris

Tél. : 01 53 61 40 90

www.stiles.fr

▶使用大理石或花崗岩量身訂製洗手盆和工作檯：

Marbrerie Anastay

Chemin du Cimetière

13160 Châteaurenard

Tél. : 04 90 94 03 08

▶更多漂亮的地磚：

Surface

43, rue de Verneuil

75007 Paris

Tél. : 01 42 60 35 90

www.surface.fr

廚房

▶擁有厚實優美線條的功能性和技術性廚房配件：

Bulthaup Bastille Création

64, avenue Ledru-Rollin

75012 Paris

Tél. : 01 56 90 19 12

Mail : bastille.creation@free.fr

www.bastillecreation.bulthaup.com

▶提供廚房和衛浴的不鏽鋼物品、共用物品、浴缸、洗手盆、洗碗槽、盥洗台、全套水龍頭：

Franke Blinox

54, route de Brignais

CD42

69630 Chaponost

Tél. : 04 78 56 33 33

www.blinox.fr

▶外觀復古的家電用品：

Smeg

www.smeg.fr

▶堅固又美觀的智慧型垃圾桶：

Brabantia

www.brabantia.com

▶木頭冰櫃、烤爐、廚房鍋具與配件、砧板和所有設備：

Bellynck & Fils

194, avenue Jean-Jaurès

75019 Paris

Tél. : 01 42 08 16 75

www.bellyncketfils.com

▶所有廚房專業人士會使用到的材料：

Resto Mat

147, rue de Bagnolet

75020 Paris

Tél. : 01 40 30 00 70

Mail : resto-mat@wanadoo.fr

www.resto-mat.fr

暖氣

多數 DIY 大品牌目前都提供設計新穎的金屬暖氣，請自由瀏覽他們的線上目錄。

▶暖氣專門店，提供鑄鐵暖氣、翻新過的舊時代配件，或價錢合理的復刻版：

Alphamétal Recyclage
6, rue Michelet
93100 Montreuil
Tél. : 01 48 57 34 34
Mail : infos@radiateurfonte.com

▶英國暖氣進口商：
Bisque Radiators
Équip'design
117, rue de Langon
« La Tricanderie »
41200 Romorantin-Lanthenay
Tél. : 02 54 76 85 19
Mail : nathalie@equip-design.net

▶特殊暖氣：
Zehnder
44, rue Lamarck
75018 Paris
Tél. : 01 42 57 11 25
www.zehnder.fr

▶品項繁多的工業風外觀暖氣：
www.acova.fr

受工業風啟發的家具

▶這間尖端的網路商店提供許多受工業風影響的精選物品和家具：
Loftboutik
www.loftboutik.com

▶可郵購符合現代品味且價廉物美的復刻版工業風家具與配件：
A.M/P.M
www.ampm.fr

▶一般人終於可以買到專業功能型家具了！這裡提供凳子、單椅、扶手椅、桌子，以及其他在大賣場找不到的商品：
www.mobilier-pro.fr

▶這位鐵工藝專家的創作核心是運用幾何形狀的堆疊與重複，打造出簡潔但時髦的當代家具：
Stéphane Ducatteau
13, route de Breteuil
27180 Arnières-sur-Iton
Tél. : 02 32 34 63 22
www.stephane-ducatteau.com

▶經濟實惠的室內裝飾品牌，讓您的居家綻放光彩：
Fly
www.flymeubles.com

▶使用混凝土構建具有設計感的出色當代家具。展示空間只接受預約參訪：
Atelier Taporo
260, boulevard Saint-Germain
75007 Paris
Tél. : 01 53 59 94 89
Mail : contact@taporo.com
www.taporo.com

▶舉足輕重的當代塑膠家具發行商：
Kartell
242, boulevard Saint-Germain
75007 Paris
Tél. : 01 45 48 68 37
www.kartell.it

▶柳條、塑膠、復古、設計⋯⋯包辦最經典到最現代化的作品，專門提供立桌、高腳桌與酒吧椅凳：
4 Pieds
234, boulevard du Havre
95228 Herblay
Tél. : 01 30 26 02 51
www.4-pieds.com

▶這間比利時的訂製桌具專賣店，能一圓全家人圍著超大餐桌用餐的夢想：
Heerenhuis
Industrieweg 22 B
2630 Aartselaar
Belgique
Tél. : +32 (0) 3 238 66 03
Mail : info@heerenhuis.be
www.heerenhuis.be

▶工作家具與燈具：
Déco room
14, rue Saint-Laurent
14000 Caen
Tél. : 02.31.38.99.62
Mail : contact@deco-room.com

www.deco-room.com

▶四間提供復刻版工作家具與餐酒館家具的好店：

Félix Monge show-room

6 bis, rue de Châtillon

75014 Paris

Tél. : 01 82 28 00 98

www.felix-monge.fr

Maison Strosser

85, avenue Ledru-Rollin

75012 Paris

Tél. : 01 43 43 28 76

www.maisonstrosser.com

Au Bon pin

Stand A6/A9

1, rue du Canal

69100 Villeurbanne

Tél. : 06 62 28 53 92

www.aubonpin.com

Tasselli

58, boulevard Fifi-Turin

13010 Marseille

Tél. : 04 91 78 81 92

www.lesmeublesdemetiers.com

▶以合理價格訂製床墊、椅套、枕套和窗簾：

Le Façonnier

10, rue de Charonne

75011 Paris

Tél. : 01 43 57 65 39

Mail : lepointfaconnier@gmail.com

燈具

▶選擇多元的現代化燈具以及所有電氣材料：

Bazar de l' Électricité

34, boulevard Henri-IV

75004 Paris

Tél. : 01 48 87 16 76

www.bazarelec.com

▶可在此找到所有明星級專業用的機械工作燈經銷商名單：

Jielde

www.jielde.com

▶這個重要網站提供最完善的導光管知識：

www.solatube.com

▶超大尺寸的金屬斷路器：

Meljac

3, rue de la Procession

75015 Paris

Tél. : 01 40 61 08 43

Mail : paris@meljac.fr

www.meljac.fr

▶霓虹燈、燈箱、橫幅、面板、標語、數位網版印刷：

Atelier Décograph

Le Relief de votre image

187, boulevard Voltaire

75011 Paris

Tél. : 01 43 48 53 92

Mail : decograph2@wanadoo.fr

www.atelierdecograph.com

▶利用二手材料製造的燈具或發光物品：

Vénus Debarge

Sébastien Vergnaud

34, avenue de la Résistance

93100 Montreuil

Tél. : 06 11 68 48 96

Mail : sebvergnaud@wanadoo.fr

www.myspace.com/venusdebarge

▶這位女性創作者蒐集二手金屬物品，然後改造成新奇的發光作品，賦予它們全新生命：

Angèle Riguidel

3, impasse du Vieux-Chemin

27930 Dardez

Tél. : 02 76 55 32 34

Mail : contact@angele-riguidel.com

www.angele-riguidel.com

▶利用鋅、鐵鏽、模板刷印與熔融的樹脂玻璃，建構出令人驚嘆的粗獷作品，再以匠心獨具的燈光系統襯托：

Julie Guehria

54, rue Voltaire

93100 Montreuil

Tél. : 01 49 88 16 33

Mail : julie@guehria.com

www.guehria.com

舊貨店

▶睜大眼睛！別管別人怎麼説，美麗物件通常都是在舊貨店或閣樓拍賣偶然邂逅：
www.delcampe.net
vide-greniers.org
www.sabradou.com
www.brocabrac.fr
www.pointsdechine.com

▶想要尋找優質美麗的工業骨董，就到下列首選商店：
La Boutique d'Archéologie industrielle
Jérôme Lepert
106, rue Vieille-du-Temple
75003 Paris

▶在這間親切熱情的商店中，能找到許多超大尺寸時鐘和罕見的燈具：
ZUT ! Frédéric Daniel antiquités
9, rue Ravignan
75018 Paris
Tél. : 01 42 59 69 68
Mail : fdantic@tiscali.fr
www.antiquites-industrielles.com

▶這間首屈一指的工業舊貨店，坐落在一間古老的金屬壓整工作坊內：
Atelier 154
154, rue Oberkampf
75011 Paris
Tél. : 06 62 32 79 06
www.atelier154.com

▶這間商店洋溢想像力、詩意和現代感，專賣別出心裁的裝飾品，非常推薦：
Carouche
18, rue Jean-Macé
75011 Paris
Tél. : 01.43.73.53.03
carouche.typepad.com

▶在這個名符其實的寶窟中可以發掘眾多新奇好物。熱情爽朗的義大利姑娘安娜，用繽紛色彩重新打造各種跳出框框的小家具，如果正在尋覓這類物品，沒有比它更理想的店了！打算重新裝潢小空間或兒童房的話，這裡更是不容錯過的好地方：
Colore Industriale
Anna Farina
7, rue Paul-Bert
75011 Paris
Tél. : 06 63 14 46 74
annafarinadesign@free.fr

▶這間店精選一系列保留原初風味或樸拙氣質的工作家具。在這棟離聖馬丁運河僅兩步之遙的美麗工作坊中，店主尼可拉蒐羅品質絕佳但價格可親的各式家具。稱它是這一區最獨特秀異的優質小店絕對當之無愧：
No Factory

Nikola Andersen
2, rue de l'Hôpital-Saint-Louis
75010 Paris
Tél. : 01 42 40 10 34 /
06 09 64 75 99
nikoandersen@yahoo.fr

▶舊時代的裝潢＋現代的氣氛＝一間繽紛可愛的小舊貨店，希望這一切都能繼續：
Rêves et tendances
81, rue de Montreuil
75011 Paris
Tél. : 01 43 67 30 11
Mail : reves.et.tendances@orange.fr
www.reves-et-tendances.com

▶尋找仿古餐酒館物品絕對不能錯過這間商店：
Broc2bars
11, rue de Chanzy
75011 Paris
Tél. : 01 43 79 47 46/
06 09 31 63 24
www.broc2bars.com

▶這是另一間可找到仿古餐酒館物品的商店，店內有許多精心挑選的 1950 年代美物：
Et puis c'est tout !
72, rue des Martyrs
75018 Paris
Tél. : 01 40 23 94 02

▶吧台和酒櫃、玻璃器皿、冰庫、桌椅和廣告物品：

Marché Paul-Bert

18, rue Paul-Bert

Stand 36, allée 2

93400 Saint-Ouen

Tél. : 06 83 26 28 14

▶古舊的咖啡館家具、餐酒館的吧台、工作家具……如果熱衷於餐酒館風格，錯過這裡絕對可惜：

Décobistro

3, avenue du Clos-Mouron

71700 Tournus

Tél. : 03 85 32 10 52

Mail : info@decobistro.com

www.decobistro.com

▶工業舊貨店與瓷器創作工作坊在這間迷人的店鋪中愉快共存：

Yonoil

28, rue Durantin

75018 Paris

Tél. : 06 10 08 43 66

yonoil@free.fr

▶好多金屬！這間商店擁有種類繁多的二十世紀家具，以及從1930年代至今的各色燈具和裝飾物品：

Complément d'Objets

11, rue Jean-Pierre-Timbaud

75011 Paris

Tél. : 01 43 57 09 28

▶俱樂部扶手椅、時鐘和工作坊升降無扶手椅：

Il est toujours joli le temps passé

Marché Vernaison

Rue des Rosiers

93400 Saint-Ouen

Tél. : 01 30 32 90 16 /

06 10 86 05 62

▶工作家具與當代工業家具的專門店：

Les Nouveaux Brocanteurs

935, rue de Paris

60520 La Chapelle-en-Serval

Tél. : 06 62 75 64 85

www.lesnouveauxbrocanteurs.com

▶這裡提供從世界各地挖掘出來的工作家具，全都是一名老拍賣公司助理的心血結晶：

Atelier Agape

91, avenue Jean-Baptiste-Clément

92100 Boulogne-Billancourt

Tél. : 01 47 12 04 88

www.agapedeco.com

▶這間大型倉庫蘊藏許多容易翻新的辦公室家具，只要用心尋找就能覓得目標：

Tmbo

28, avenue de la Division Leclair-Bobigny

93100 Montreuil

Tél. : 01 48 57 02 44

tmbo@cegetel.net

▶這兩間毗鄰而居的美麗店鋪提供挖寶者莫大樂趣（工作家具、燈具和獨一無二的物品）：

Troll et Puces

1, rue du Marché-Popincourt

75011 Paris

Tél. : 01 43 14 60 00

Belle Lurette

5, rue du Marché-Popincourt

75011 Paris

Tél. : 01 43 38 67 39

▶這間有趣的舊貨店專精廚房家具和物品：

Alasinglinglin

1, rue du Marche-Popincour

75011 Paris

Tél. : 01 43 38 45 54

▶仿效經典加上Formica材質，這間商店是尋找1950年代風格的好去處：

La Maison

3, rue Neuve-Popincourt

75011 Paris

Tél. : 01 48 06 59 47

brocante.lamaison.free.fr

▶優雅樸素的線條與材質正是這間專精於1950至80年代設計的舊貨店強項：

Les Temps modernes

2, rue Théophile-Roussel

75012 Paris

Tél. : 06 26 12 37 41 /
06 11 60 30 03

▶所有收購軍用二手品：
Yoming
95, rue Nollet 75017 Paris
Tél. : 01 46 27 76 97
www.yoming.fr

▶工作家具、還願物、奇珍異品，以及許多用來展示脆弱物件的精緻玻璃罩：
L'Objet qui parle
86, rue des Martyrs
75018 Paris
Tél. : 06 09 67 05 30

▶這間美麗的商店能夠滿足混搭巴洛克物品、工業物件和靈性物品的需求：
Antiquités curiosités
62, boulevard de Ménilmontant
75020 Paris
Tél. : 06 83 12 70 75

▶攤子上堆滿迷人的金屬物品：
Les Puces de Vanves
Avenue Marc Sangnier et avenue
Georges Lafenestre
75014 Paris
Tél. : 06 72 77 55 61
Mail : pucesdevanves@free.fr
pucesdevanves.typepad.com

▶在聖圖安跳蚤市場閒逛，可以

看到許多對於內行收藏家來說十分珍罕的物品：
Entre ciel et mer
Marché Paul Bert
Allée 2, stand 123
93400 Saint-Ouen
Tél. : 06 07 40 68 31
Mail : entre.ciel.et.mer@wanadoo.fr

Gilles et Lydia Oudin
Marché Paul Bert
Allée 7, stand 401-403
93400 Saint-Ouen
Tél. : 01 48 74 04 24

▶工作家具以及展現民間烹飪傳統的美麗復古物品：
Bachelier
Marché Paul Bert
Allée 1, stand 17
93400 Saint-Ouen

▶小型家具和裝飾品：
Objets en transit
Marché Dauphine
Stand 122-123
140, rue des Rosiers
93400 Saint-Ouen
Tél. : 01 40 95 78 88

▶ Strafor 的辦公室家具、Jieldé 的機械工作燈、電影院燈具、動物標本、鐘面⋯⋯這裡有許多來自美國的精美物品和出色的自家創作：

Ghislain antiques
97, rue des Rosiers
93400 Saint-Ouen
Tél. : 01 40 11 06 44
Mail : mail@ghislainantiques.com
www.ghislainantiques.com

▶這位精細木工匠可以客製專屬的工作家具或進行修復：
Authentiquité
10, rue du Château
28310 Beaudreville
Tél. : 02 37 99 58 58
www.authentiquite.com

▶位在比利時的商店，每週到貨兩次，提供來自全歐各地的眾多選擇，包括工業風家具、燈具與裝飾物品：
L'Entrepôt de K. Loan
537, chaussée de Boondael
1050 Ixelles
Belgique
Tél. : +32 02 512 12 99
www.kloan.be

▶閃耀古舊色澤的工業風家具、適用一般住家和 Loft 的建築元件，以及一系列富設計感的附加物：
Ant-art-iques
43, route de Cassel
59 Steenvoorde
Belgique
Tél. : + 32 06 84 60 22 36

antartiques.canalblog.com

▶這間位在法國遠近馳名的倉
庫，適合挖掘各種工作家具和奇
珍異品：

Troc broc 49
122, rue Gauthiot-Lamy
49400 Saumur

▶這間小舊貨鋪專攻十九世紀末
到二十世紀初的工業家具：

Mélanges d'idées
Route de Cormeilles
14130 Bonneville-la-Louvet
Tél. : 06 20 89 14 58
www.melangesdidees.fr

▶這間坐落在大玻璃天棚之下的
寬闊舊貨鋪，主要致力於工作家
具和工業家具：

La Serre
Route de Cormeilles
14130 Bonneville-la-Louvet
Tél. : 02 31 64 03 21

▶可以在這間古典的舊貨店中找
到復古配件、琺瑯牌板、汽油泵
和廣告陳列架：

Déco Antiq
10 bis, route de Montargis
77460 Soupes-sur-Loing
Tél. : 01 64 29 85 27
www.decoantiq.com

▶這間可愛的舊貨店位於多維爾

（Deauville）附近村莊的老縫紉
用品店中：

ABALONE
15, Grande-rue
61230 Gacé
Tél. : 06 86 25 52 93

▶這位古董商喜歡收藏古怪物品
與展示他美麗的發現物：

Vue de l'intérieur
La Touche RN138
37390 Charentilly
Tél. : 02 47 40 97 16

▶別致的燈具和工業二手品：

Hcg créations
3, rue Campane
84000 Avignon
Tél. : 06 14 89 17 11
monsite.wanadoo.fr/HCG

▶電影院燈具和工業二手品：

Bernard Mouiren
Village des Antiquaires de
la gare
84800 L'Isle-sur-la-Sorgue
Tél. : 06 11 12 19 21

▶以航空為主題的舊貨店，展示
螺旋槳、頭燈、泵，以及其他改
造物品：

Aérogare
Village des Antiquaires de
la gare
84800 L'Isle-sur-la-Sorgue
Tél. : 04 90 62 06 56

▶令人驚豔的燈具和工業舊貨：

Antiquités Puechlong
Village des Antiquaires de
la gare
84800 L'Isle-sur-la-Sorgue
Tél. : 06 15 36 35 54

▶工作家具、奇珍異品、人體解
剖圖、填入稻草的動物標本，以
及許多美麗的精選舊織物：

La Maison Fassier
21, rue Sainte-Croix
61400 Mortagne-au-Perche
Tél. : 02 33 83 75 11
www.lamaisonfassier.typepad.
com

▶ 1950 到 70 年代的設計家具與
工業家具：

La Galerie Design Industrie
9, rue de la Pelisserie
30700 Uzès
Tél. : 06 24 15 03 78
Mail : design.positive@yahoo.fr
lagalerie-uzes.com

▶舊廣告、奇珍異品與工業家具：

La Broc à Yéyé
2 bis, avenue de l'Égalité
84800 L'Isle-sur-la-Sorgue
Tél. : 06 24 15 03 78
Mail : broc.yeye@wanadoo.fr

▶利用二手材料製造的原創家具
以及工業舊貨：

Créantik
820, route de Mallemort
84380 Mazan
Tél. : 06 07 04 97 90
Mail : ucgraffin@yahoo.fr

▶如果想挖到不退流行的復古設計家具，以下是四個不得不訪的地址：
XXO
78, rue de la Fraternité
93230 Romainville
Tél. : 01 48 18 08 88
Mail : contact.societe@xxo.com
www.xxo.com

Pages 50/70
15, rue Yvonne Le Tac
75018 Paris
Tél. : 01 42 52 48 59

50 Soixante 70
26, boulevard Jules-Ferry
75011 Paris
Tél. : 06 71 62 60 88
Mail : 50soixante70@wanadoo.fr
50soixante70.typepad.com

Rétro Design
155, rue Beauvoisine
76000 Rouen
Tél. : 02 35 88 64 28
Mail : retrodesign@wanadoo.fr
www.retrodesign.fr

▶這間迷人的復古舊貨店蒐集了許多日常用品：
L'Araignée au plafond
77, rue de Ménilmontant
75020 Paris
Tél. : 01 46 26 03 89
www.myspace.com/laraigneeauplafond

▶二十世紀家具與斯堪地那維亞設計的精選商店：
Antiquités et design
35, rue Damrémont
75018 Paris

▶這間位於運河畔的商店，洋溢大眾通俗氛圍，擁有許多手工作品、工作家具和奇珍異品：
Loulou les Âmes Art
104, quai de Jemmapes
75010 Paris
Tél. : 01 42 00 91 39

▶這間店鋪就像調和 50 年代色彩的調色盤，充滿柔和且女性化的翻新物品：
Belles et Loup
10, rue de la Grange-aux-Belles
75010 Paris
Tél. : 08 99 23 63 09

▶這間活力四射的商店提供工作家具、復古設計以及令人會心一笑的奇珍異品：
Fiesta Galerie

45, rue Vieille-du-Temple
75004 Paris
Tél. : 01 42 71 53 34
Mail : fiesta.galerie@free.fr
www.fiesta-galerie.fr

▶琺瑯牌板、工作家具、團體家具，以及許多讓人懷念的實用工作坊物品：
Boutique 12
12, rue des Filles-du-Calvaire
75003 Paris
Tél. : 01 42 78 45 71

▶這間可愛的小舊貨店擁有滿滿的點子，秉持二手與改造的精神：
No Factory
2, rue de l'Hôpital-Saint-Louis
75010 Paris
Tél. : 01 42 40 10 34
Mail : contacte@nofactory.fr
www.nofactory.fr

▶一群愛玩又有創意的年輕設計師聯手合作，賦予家具與物品第二春：
5.5 Designer
80, rue du Faubourg-Saint-Denis
75010 Paris
Tél. : 01 48 00 83 50
www.cinqcinqdesigners.com

▶這間舊貨店適合發掘改造物品。何不也讓自己珍愛的物品改頭換面：

Recycling
3, rue Neuve-Popincourt
75011 Paris
Tél. : 01 43 57 48 40
brocanterecycling@orange.fr

▶這間迷你商店蒐集了大量古舊且特殊的物品，例如：鈕扣、珍珠、小玩意，以及木頭印刷字版，它們全都等著接受改造，重獲新生：
Tombée du camion
17, rue Joseph-de-Maistre
75018 Paris
Tél. : 01 77 15 05 02

▶在這間商店中，工廠物品與一系列美麗織物和家具配件完美共存：
Les Curieuses
4, rue Oberkampf
75011 Paris
Tél. :01 77 15 05 02
www.lescurieuses.com

▶創作者兼二手蒐集者的物品：
Lovely world
7, rue Aquitaine
33990 Hourtin
Tél. : 05 56 03 38 96

▶裝飾藝術美術館（musée des Arts Décoratifs）的禮品店。可以在這裡發掘年輕設計師的作品，並造訪附設的優質專門書店：

Le 107
107, rue de Rivoli
75001 Paris
Tél. : 01 42 60 64 94
www.lesartsdecoratifs.fr

▶除了北歐設計家具（功能性書桌、銀行的軟墊橫座長椅、學生家具）之外，還能挖到許多價格合理的美麗物件：
Design & Things
22, rue du Pont-Neuf
75001 Paris
Tél. : 08 99 65 51 88

▶以工業風格和設計為靈感的家具和物品、燈具，以及顏色活潑新穎的 Tolix 家具：
Persona grata
38, rue Croix-des-Petits-Champs
75001 Paris
Tél. :08 99 65 51 88
www.persona-grata.com

▶走在時代尖端的裝潢與品質優異的復刻版商品：
Résonances
Carrousel du Louvre
99, rue de Rivoli
75001 Paris
Tél. : 01 42 97 06 00

▶深受民俗風啟發的別致配件，散發超越時間的美感：
Home autour du monde

8, rue des Francs-Bourgeois
75003 Paris
Tél. : 01 42 77 06 08

▶饒富趣味但不失實用的前衛風格物件：
La Chaise longue
30, rue Croix-des-Petits-Champs
75001 Paris
Tél. : 01 42 96 32 14
www.lachaiselongue.com

▶以禪風簡約主義為靈感的家具和裝飾：
Muji
www.muji.fr

▶採用素雅顏色和樸素材質的居家日用布製品、蠟質混凝土小家具，以及工業風吊燈：
Secret Maison
17, rue des Quatre Vents
75006 Paris
Tél. : 01 42 05 09 09
www.secretmaison.fr

兒童天地

▶一群靈感豐富的的女性創作者以兼具娛樂性與實用性的方式，讓孩子瞭解何謂工業風：
Serendipity
81-83, rue du Cherche-Midi
75006 Paris

Tel : 01 40 46 01 15

www.serendipity.fr

▶昔日的校用家具與錯落搭配的
廣告海報，讓人懷舊：

Pic Nidouille

22, rue des Écoles

75005 Paris

Tél. : 01 44 07 11 51

Mail : picnidouille22@yahoo.fr

picnidouille.canalblog.com

更多裝飾！

▶室內香氛和精美的裝潢設計元
件，建構出自然雅致的植物世界：

Hervé Gambs

9 bis, rue des Blancs-Manteaux

75004 Paris

Tél. : 01 44 59 88 88

Mail : bienvenue@hervegambs.fr

www.hervegambs.com

▶美麗的古舊民俗風織物：

La Maison Ottomane

12, avenue Gallieni

92190 Meudon

Tél. : 01 46 26 86 76

www.lamaisonottomane.com

▶來自非洲和亞洲大陸的漂亮民
俗風物品：

Tam Tam

20, rue Yvonne-Le Tac

75018 Paris

Tél. : 01 42 54 54 96

www.cheztamtam.com

▶樣式繁多，選擇廣泛的織物，
以及用來描紙樣的大面積平紋
布：

Le Marché Saint-Pierre

2, rue Charles-Nodier

75018 Paris

Tél. : 01.46.06.92.25

www.marchesaintpierre.com

▶非洲花布、蠟染以及許多絢爛
奪目的織物：

Toto

5, boulevard Barbès

75018 Paris

Tél. : 01 42 59 63 33

www.toto.fr

▶超大尺寸壁掛相片的專門店：

Alyos Technology

41, rue de Lucerne

68500 Guebwiller

Tél. : 03 89 74 10 75

▶壁貼、壁紙……這間小商店是
牆壁的服裝師：

Walldesign

25, rue de la Forge-Royale

75011 Paris

Tél. : 01 43 48 30 24

www.walldesign.fr

▶室內色彩：

Ressource

88, rue Grignan

13001 Marseille

Tél. : 04 91 15 19 09

Mise en teinte

15, boulevard Saint-Germain

75005 Paris

Tél. : 01 46 34 44 58

Cléton

41, rue Saint-Sabin

75011 Paris

Tél. : 01 47 00 10 41

Colorine

6, rue Clamart

92100 Boulogne-Billancourt

Tél. : 01 46 10 42 80

www.colorine.fr

Farrow & Ball

50, rue de l' Université

75007 Paris

Tél. : 01 45 44 47 94

www.farrow-ball.com

▶提供石灰環保塗料及其他金屬
和木頭的漆料與塗料，皆為郵購：

Mauler

18, rue de Cherbourg

68260 Kingersheim

Tél. : 03 89 52 21 15

Mail : info@mauler.fr

www.mauler.fr

▶下列兩個網址的靈感來自普普藝術運動的天才，例如安迪沃荷（Andy Warhol）和利希滕斯坦（Roy Lichtenstein）。可利用網站將肖像轉化為真正獨特的藝術作品，並在畫布上列印出來：
www.picturespop.fr
www.pixel4wall.fr

親自動手

這些熱心人士讓您能夠踏出第一步，進入以二手製作裝飾品的世界。

▶加入這堂十分熱門的 DIY 課程，學習再生利用您發現的寶物：
Une Maison à Nantes
9, rue de Rieux
44000 Nantes
Tél. : 02 28 27 04 72

▶彩色混凝土、石灰、水泥、亮面劑、牆面或金屬舊色效果……這些裝飾技法的教授對象包括一般個人與專業人士。也可以在此找到以色彩為主題的專門書店：
Okhra conservatoire des ocres et pigments appliqués
Ancienne usine Mathieu
84220 Roussillon-en-Provence
Tél. : 04 90 05 66 69

www.okhra.com

▶這裡提供初階、深入、進階與專業培訓課程，Francesco Passaniti 將帶領您在工作坊中製造各種混凝土：
Francesco Passaniti
22, passage Bourdeau
94200 Ivry-sur-Seine
Tél. : 01 46 71 90 88
Mail : infos@compactconcrete.com
www.compactconcrete.com

▶在可愛的普羅旺斯農舍內進行精彩的培訓課程，傳授各種賦予老家具新生命的祕訣與方式，回家之後也能輕鬆施展在工作坊中學到的技巧：
Association Être et faire
Organisme de formation agréé
Mas des Acacias
1380, avenue Eisenhower
84200 Carpentras
Tél. : 04 90 60 25 89
Mail : alain.ossart@orange.fr
www.vieuxbois.surinternet.net

▶耐用、堅硬、可洗……學習用硬紙板製造家具。在法國和世界其他地區都提供許多培訓課程：
La Compagnie Bleuzen
18, rue de Wattignies
75012 Paris
Tél. : 06 10 29 67 14
Mail : lagrangebleuzen@yahoo.fr

www.compagnie-bleuzen.com

▶參加工作坊，激發藝術創意。學習如何將通常會丟進垃圾桶的多種材料回收再利用，提升它們的價值：
Art gens
7, rue Bodin
69001 Lyon
Tél. : 09 51 73 09 30
www.artgens.net

閱讀與記錄

這個針對藝術用廢棄工業區的調查研究，讓變更用途的工業區找回新生：《廢棄工業區開出的藝術之花》（Arts en friches），作者：Marie Vanhamme ／ Patrice Loubon，出版社：Éditions Alternatives。

造訪一些部落格和網站，讓巧思靈感源源不絕！

▶ Pierre Bertheau 從三十年前就開始為變更用途的廢棄工廠提升形象，在保留其原始功能性的情況下，將它們改造為寬闊的工作坊兼住家：
www.lesusinesbertheau.com

▶一個有關舊工廠翻新改造的部落格，包括尋點、購買、靈感、

工程、配置和裝潢：
www.notreloft.com
milofts59.blogspot.com

工業風氛圍

以下幾個地址能讓您在以工業風為靈感的裝潢中放鬆休閒。

▶ Hadji 是一個喜歡打破規則的理髮師，也是一名舊貨商：
Récup'hair
101, rue de Charonne
75011 Paris
Tél. : 01 43 70 02 00
Mail : recup.hair@orange.fr

▶啤酒、葡萄酒、音樂、無線網路、音樂會、品酒會、餐會……這間小咖啡館雖然熱鬧但不失親密，採用不按常規的復古二手做為裝潢風格：
Le Carbone 14
6, rue Émile-Lepeu
75011 Paris
Tél. : 01 46.59.04.28
www.lecarbone14.fr

▶ 夏洪內（Charonne）舊火車站（1867–1934）是一棟被列入文物保護的建築，這間擁有玻璃天棚的音樂藝文咖啡館就位於其中，能夠一覽無遺舊鐵道：
La Flèche d'Or

102 bis, rue de Bagnolet
75020 Paris
Tél. : 01 44 64 01 02
www.flechedor.fr

▶這些音樂表演場地與藝術家住所位於聖馬丁運河河畔，是由一間過去販賣建築材料的老商店 Point P 改造而成：
Le Point Éphémère
200, quai de Valmy
75010 Paris
Tél. : 01 40 34 02 48
www.pointephemere.org

▶加雷（Calais）的舊屠宰場，現已改造成令人驚豔的文化場所：
Le Channel
Scène nationale
173, boulevard Gambetta
62100 Calais
Tél. : 03 21 46 77 10
Mail : lechannel@lechannel.org
www.lechannel.org

▶餅乾工廠 LU 的舊址經改造後，搖身變為國家級的文化中心，包含一座土耳其浴場、餐廳、展覽與表演空間：
Le Lieu Unique
2, rue de la biscuiterie
BP 21304
44013 Nantes Cedex 1
Tél. : 02 51 82 15 00

Mail : info@lelieuunique.com

實用連結

▶內行挖寶者的必訪網站：
www.leboncoin.fr
www.ebay.fr
www.priceminister.com

GLOSSARY
專有名詞一覽

B

Badigeon（石灰漿）：
稀釋的石灰塗料，其不透明度取決於水分多寡。

Bakélite（電膠、酚醛塑料）：
又名 polyoxybenzylméthylèneglycol。是由 Leo Baekeland 在 1907 年發明的第一個完全合成塑料，
這種熱固性聚合樹脂立刻被應用於製造日常用品、珠寶、收音機盒和電話機殼。

Béton（混凝土）：
混合水泥（黏土與石灰）、粒狀物（沙子和礫石）、水以及便於隨興改變其性質的添加劑（佐劑）。
組成物的選擇和比例將會決定其技術品質。

C

Chauler（刷石灰漿）：
塗上厚石灰。

Corian®（可麗耐 ®）：
耐用、可修補、優雅、魅力四射，這絕對是上等塑膠的最佳典範。現代家具、燈具、布置、衛浴
洗手盆或廚房工作檯……設計師全都瘋狂應用。雖然價格依然昂貴，但是目前的強大需求，應該
能在未來讓它更加親民普及。

G

Galvaniser, nickeler ou chromer（鍍鋅、鍍鎳、鍍鉻）：

使用一層薄薄的鋅、鎳或鉻保護金屬。

Gratter（刮除）：

讓石牆和磚牆露出原裸面貌。

Grenaillage（珠擊法）：

利用高速珠粒噴擊來為表面去除塗層和清潔的技術。

L

Lumière tubulaire（導光管）：

十分環保的創新技術，可用來將自然光導入深度 6 公尺以上的居家室內空間。透過安裝在屋頂的反射管道井，陽光幾乎可以完整地分配到家中最陰暗的區域。

O

Objet de maîtrise（技術展示樣品）：

用來展現工匠技術和專業知識，以小比例尺做出的複製品。

P

Polycarbonate（聚碳酸酯）：

極堅固的塑膠，比玻璃輕兩倍，具有極佳的隔熱效果。這種輕盈且易於操作的優異材料適合居家多種應用：滑門、隔間、護欄、家具、燈具、浴室擋水屏、盥洗台背板、床頭板等等。結實、半透明，最重要的是不需事先準備工作，工地臨時圍籬時常運用這種材質，上述種種優點讓波浪板可以輕鬆改造成隔間或背板！

S

Serrurier（金屬工匠）：

使用金屬製作訂製成品（門窗框、地板、護欄）的工匠。

Deeply grateful

銘謝

Julie Guehria, Cédric Gidoin, Jean-Pascal Levy Trumet, Olivier et Françoise Desmettre, Valérie Escanez-Guitton, Antoine Vidaling, Ghislain Antiques, Catherine Talamoni, Jérôme Lepert, Julien Bassouls, Philippe Harden, Cristina Zonca, Frédéric Daniel, Karine Herz, Vladimir Doray, Alba Pezone, Caroline Giraud, Stéphane Quatresous, Hadji et le salon de coiffure Récup'Hair, Jérôme Delor et la boutique Abalone, Gérard Szenik et la marque Sensei pour le linge de bain.

L'auteur remercie tout particulièrement Maurice Rodrigues, Guillaume et Gasby Dubois, Marie Delas de Céladon éditions et Agnès Busière.
La photographe remercie Agnès Busière, Marie Delas et les propriétaires qui nous ont accueillies.
Enfin, merci à Solange pour ses dessins, à Rémi pour son efficacité, à Chloé pour la touche finale.

特別致謝

Archéologie industrielle, Jérôme Lepert. Pages 8, 60, 67, 74, 75, 76, 81.

ZUT ! Frédéric Daniel Antiquités. Pages 44, 82.

Ghislain Antiques. Pages 14, 71, 72, 83.

Atelier 154. Pages 29, 40, 53, 57, 79 (左), 84.

Boutique Carouche. Pages 66, 85.

Fabrice Ausset et Virginie Leclerc (Architectes ZOEVOX). Pages 10, 31, 37, 48, 52, 59 (下), 78, 97 (左下).

Karine Herz (réhabilitation). Pages 33, 35, 39, 90.

Vladimir Doray (architecte). Pages 17, 95, 103.

Philippe Harden (architecte). Pages 100.

Jean-Pascal Levy Trumet (décoration) et Isabelle Stanislas (architecte). Pages 13, 16 (下), 20, 24, 50, 104 (下), 106 (左).

Cristina Zonca (réhabilitation). Pages 25, 49, 59 (上), 107.

Anne-Cécile Comar et Stéphane Pertusier (Architectes Atelier du Pont). Pages 16 (右上), 18, 23, 43, 94, 101.

Noëlle Merlet (architecte). Pages 21, 26, 32, 47, 60, 63, 105.

Valérie Escanez-Guitton. Pages 77, 93, 99, 104 (上).

Création Michel Gabillon (tabourets en métal). Page 30.

Linge de bain Sensei. Pages 23, 48, 105.

Cuisines Arclinea. Page 96.

國家圖書館出版品預行編目 (CIP) 資料

工業風，第一次就上手：LOFT 風格元素大集合，
終於搞懂金屬、混凝土、磚與玻璃怎麼玩！更學會
國際 know-how 及法式獨門創意 / 婕內薇‧湯瑪斯
(Geneviève Thomas) 著 . -- 初版 . -- 臺北市：原點出
版：大雁文化發行 , 2016.04 192 面 ; 17×23 公分
譯自：Le Style Industriel
ISBN 978-986-5657-71-0(平裝)

1. 家庭佈置 2. 室內設計 3. 空間設計
422.5   105003162

工業風，第一次就上手
Le Style Industriel
LOFT 風格元素大集合，終於搞懂金屬、混凝土、磚與玻璃怎麼玩！
更學會國際 know-how 及法式獨門創意

作者　　　　　婕內薇‧湯瑪斯（Geneviève Thomas）
攝影　　　　　金谷（Kim-Cúc）
譯者　　　　　楊雯珺
封面及版型設計　白日設計
內頁構成　　　詹淑娟
特別感謝　　　大名設計、尤噠唯建築師事務所、好室設計、爾商空間設計
執行編輯　　　溫智儀
校對　　　　　邱怡慈
行銷企劃　　　郭其彬、王綬晨、夏瑩芳、邱紹溢、張瓊瑜、李明瑾、蔡瑋玲、陳雅雯
總編輯　　　　葛雅茜
發行人　　　　蘇拾平

出版　　　原點出版 Uni-Books
　　　　　Facebook:Uni-Books 原點出版
　　　　　Email:uni-books@andbooks.com.tw
　　　　　地址：台北市 105 松山區復興北路 333 號 11 樓之 4
　　　　　電話：02-2718-2001 傳真：02-2718-1258
發行　　　大雁文化事業股份有限公司
　　　　　地址：台北市 105 松山區復興北路 333 號 11 樓之 4
　　　　　24 小時傳真服務：02-2718-1258
　　　　　讀者服務信箱：andbooks@andbooks.com.tw
　　　　　劃撥帳號：19983379
　　　　　戶名：大雁文化事業股份有限公司

初版 1 刷　2016 年 4 月　　初版 2 刷　2017 年 10 月

定價　　　370 元
ISBN　　　978-986-5657-71-0
翻印必究（Printed in Taiwan）
缺頁或破損請寄回更換
大雁出版基地官網：www.andbooks.com.tw（歡迎訂閱電子報並填寫回函卡）